中国水利教育协会　组织

全国水利行业"十三五"规划教材（职工培训）

水土保持与水生态保护实务

主　编　邹　林

主　审　刘幼凡

中国水利水电出版社
www.waterpub.com.cn

·北京·

内 容 提 要

本书是全国水利行业"十三五"规划教材（职工培训），主要内容包括绪论（水土保持、水生态保护概念）；水土保持工程；水土保持方案编制及案例分析；水土保持监理；水生态监测；水生态保护管理等。

本书为基层水利职工培训教材，适用于水利行业基层职工培训，也可作为职业院校水利类专业学生学习参考书。

图书在版编目（ＣＩＰ）数据

水土保持与水生态保护实务 / 邹林主编. -- 北京：中国水利水电出版社，2017.5
　　全国水利行业"十三五"规划教材. 职工培训
　　ISBN 978-7-5170-5394-1

　　Ⅰ．①水… Ⅱ．①邹… Ⅲ．①水土保持－职业培训－教材②水环境－生态环境－环境保护－职业培训－教材
Ⅳ．①S157②X143

　　中国版本图书馆CIP数据核字(2017)第105365号

书　　　名	全国水利行业"十三五"规划教材（职工培训） **水土保持与水生态保护实务** SHUITU BAOCHI YU SHUISHENGTAI BAOHU SHIWU
作　　　者	主编 邹林 主审 刘幼凡
出 版 发 行	中国水利水电出版社 （北京市海淀区玉渊潭南路 1 号 D 座　100038） 网址：www.waterpub.com.cn E-mail：sales@waterpub.com.cn 电话：(010) 68367658（营销中心）
经　　　售	北京科水图书销售中心（零售） 电话：(010) 88383994、63202643、68545874 全国各地新华书店和相关出版物销售网点
排　　　版	中国水利水电出版社微机排版中心
印　　　刷	北京纪元彩艺印刷有限公司
规　　　格	184mm×260mm　16 开本　13 印张　314 千字
版　　　次	2017 年 5 月第 1 版　2017 年 5 月第 1 次印刷
印　　　数	0001—2000 册
定　　　价	**35.00 元**

前　言

　　水土资源是人类赖以生存和发展的根本物质基础。水土保持是生态文明建设的重要内容和组成部分，是建设生态文明的基础。新形势下对加强生态文明建设提出了很多新的要求，因此，迫切需要基层水利职工加强专业知识储备，成为推动水土保持和水生态保护工作扎实开展的生力军，以促进全国生态文明建设。

　　本书为全国水利行业"十三五"规划教材（职工培训），主要面向水利行业基层职工，特点是内容浅显易懂、引入大量工程实例，具有很好的参考价值。

　　本书由长江工程职业技术学院邹林副教授编写第一章和第二章第一节至第三节，长江工程职业技术学院段凯敏老师编写第二章第四节至第七节，广西水利电力职业技术学院刘艳老师编写第三章第一节，中国能源建设集团广西电力设计研究院郭明凡教授级高级工程师编写第三章第二节，江西水利职业学院严珍老师编写第四章，四川水利职业技术学院杨绍平老师编写第五章，山东水利职业学院曹广占老师编写第六章。本书由邹林任主编，曹广占、刘艳、杨绍平、郭明凡任副主编，段凯敏、严珍参编，刘幼凡任主审。

　　本书编写过程中，得到了兄弟院校同行和水利行业技术人员的大力支持，在此表示感谢，特别感谢中国能源建设集团广西电力设计研究院侯杰萍高级工程师在第四章第二节编写过程中提供的部分工程实例。

　　本书作为职工培训教材，在编写过程中参考国内外相关教材、著作、技术资料和他人的研究成果，尽量列入参考文献，如有不慎遗漏，恳请谅解。本书的出版，得到中国水利水电出版社的大力支持，编者在此一并致谢！

　　由于编者水平有限，书中难免存在不妥或错误，敬请广大读者批评指正，意见和建议可发至主编邮箱 zoul@cj-edu.com.cn，不胜感激！

编　者

2016 年 8 月

目　　录

第一章 绪 论

第一节 水土保持概念

一、水土保持的定义与特点

（一）水土保持的定义

《中华人民共和国水土保持法》（简称《水土保持法》）所称水土保持，是指对自然因素和人为活动造成水土流失所采取的预防和治理措施。

中华人民共和国行业标准《水利水电工程技术术语》（SL 26—2012）对水土保持的解释为：防止水土流失，保护、改良与合理利用水土资源的综合性措施。

《中国大百科全书·水利卷》《中国水利百科全书》中，对水土保持的定义界定为：防治水土流失，保护、改良和合理利用水土资源，维护和提高土地生产力，以利于充分发挥水土资源的经济效益和社会效益，建立良好生态环境的综合性科学技术。

（二）水土保持的特点

水土保持是一项综合性很强的系统工程，水土保持工作主要有 4 个特点：

（1）科学性。涉及多学科，如土壤、地质、林业、农业、水利、法律等。

（2）地域性。由于各地自然条件的差异和当地经济水平、土地利用、社会状况及水土流失现状的不同，需要采取不同的手段。

（3）综合性。涉及财政、计划、环保、农业、林业、水利、国土资源、交通、建设、经贸、司法、公安等诸多部门，需要通过大量的协调工作，争取各部门的支持，才能搞好水土保持工作。

（4）群众性。必须依靠广大群众，动员千家万户治理千沟万壑。

二、水土保持的重要性和意义

水土保持是防治水土流失，保护、改良与合理利用水土资源，维护和提高土地生产力，以利于充分发挥水土资源的经济效益和社会效益，建立良好生态环境的综合性科学技术。水土保持的对象不只是土地资源，还包括水资源。保持的内涵不只是保护，而且包括改良与合理利用。不能把水土保持理解为土壤保持、土壤保护，更不能将其等同于土壤侵蚀控制。水土保持是自然资源保育的主体。

（1）保护土地资源，维护土地生产力。据统计，我国因水土流失平均损失耕地约 100万亩，在山丘区采用坡面水土保持措施及沟道水土保持措施，可以防止耕地、林地、草地土壤面蚀与沟蚀，保护土地资源免遭损失，维护土地生产力。在风沙区采用防治风力侵蚀的综合措施，可以防止农耕地与草地的风蚀退化。

（2）充分利用降水资源，提高抗旱能力。在水土流失严重的山丘区，通过修建水平梯田等坡面工程以及各种蓄水工程，可以拦蓄由降雨形成的坡面径流，减少水的流失，提高降水资源的利用率，增强旱作农业与经济林果生产的抗旱能力。

（3）改善区域生态环境，促进当地社会和经济发展。水土保持改善了生产条件和生态环境，增加了人口环境容量，促进人口、资源、环境与社会经济的协调发展。长江上游三峡库区第一期水土保持重点防治区，经过治理，人口环境容量每平方千米增加 6～23 人。黄河上中游无定河、皇甫川、三川河以及甘肃西县等 4 片重点治理区，一般经过 5～10 年治理后，每平方千米的人口环境容量可增加 20 人左右。

（4）减少江河湖库泥沙淤积，减轻下游洪涝灾害。水土保持不仅保护与改善了治理区的生产和生活环境，而且减少了流域产沙量，从而减轻了下游洪涝灾害的危险。据初步统计，新中国成立以来，全国兴修的水土保持工程每年可以减少和拦蓄泥沙 16 亿 t，增加蓄水能力约 250 亿 m³。黄河中上游的水土保持工程，每年减少流入黄河的泥沙 3 亿 t。对中小流域，水土保持措施对洪水具有显著的调节作用。一般暴雨条件下，可削减洪峰流量达 30%～70%。

（5）减少江河湖库非点源污染，保护与改善水质。水土保持措施在保水的同时还保土、保肥，从而减少河川水体的非点源污染，发挥保护与感受水质的作用。

三、水土保持的策略与措施

我国既是世界上水土流失严重的国家之一，又是世界上开展水土保持具有悠久历史并积累了丰富经验的国家。从 20 世纪初开始，就进行了对水土流失规律的初步探索，为开展典型治理提供了依据。

1. 策略

经过半个多世纪的发展，我国水土保持走出了一条具有中国特色综合防治水土流失的路子。主要策略包括以下几个方面：

（1）坚持与时俱进的思想，积极调整工作思路，不断探索加快防治水土流失的新途径。根据经济社会发展与人民生活水平提高对水土保持生态建设的新要求，在加强人工治理的同时，依靠大自然的力量，开展生态自我修复工作，促进人与自然的和谐，加快水土流失防治步伐。

（2）预防为主，依法防治水土流失。我国政府通过贯彻执行《中华人民共和国水土保持法》，建立健全了水土保持配套法规体系和监督执法体系；规定了"预防为主"的方针，加强执法监督，禁止陡坡开荒，加强对开发建设项目的水土保持管理，控制人为水土流失。

（3）以小流域为单元，科学规划，综合治理。我国水土保持始终坚持制定科学的水土保持规划，以小流域为单元，根据水土流失规律和当地实际，实行山、水、田、林、路综合治理，对工程措施、生物措施和农业技术措施进行优化配置，因害设防，形成水土流失综合防治体系。

（4）治理与开发利用相结合，实现三大效益的统一。在治理过程中，把治理水土流失与开发利用水土资源紧密结合。突出生态效益，注重经济效益，兼顾社会效益，使群众在治理水土流失、保护生态环境的同时，取得明显的经济效益，进而激发其治理水土流失的积极性。

（5）优化配置水资源，合理安排生态用水，处理好生产、生活和生态用水的关系。同时，在水土保持和生态建设中，充分考虑水资源的承载能力，因地制宜，因水制宜，适地适树，宜林则林，宜灌则灌，宜草则草。

（6）依靠科学技术，提高治理的水平和效益。重视理论与实践、科学技术与生产实践相结合。充分发挥科学技术的先导作用。积极引进国外先进技术、先进理念和先进管理模式，注重科技成果的转化，大力研究推广各种实用技术，采取示范、培训等多种形式，对农民群众进行科学普及教育，增强农民的科学治理意识和能力，从而提高治理的质量和效益。

（7）建立政府行为和市场经济相结合的运行机制。通过制定优惠政策，实行租赁、承包、股份合作、拍卖"四荒"使用权等多种形式，调动社会各界的积极性，建立多元化、多渠道和多层次的水土保持投入机制，形成全社会广泛参与治理水土流失的局面。

（8）广泛宣传，提高全民水保意识。我国采取政府组织、舆论导向、教育介入等多种形式广泛、深入、持久地开展《中华人民共和国水土保持法》等有关法律法规以及水土流失危害性的宣传，提高全民的水土保持意识。

（9）建立生态补偿机制，保护生态环境、解决区域之间或经济社会主体之间利益均衡问题。最近中央一系列文件中，对生态补偿都提出明确要求。2006年中央1号文件明确提出："建立和完善生态补偿机制。加强荒漠化治理，积极实施石漠化地区和东北黑土区等水土流失综合防治工程。建立和完善水电、采矿等企业的环境恢复治理责任机制，从水电、矿产等资源的开发收益中，安排一定的资金用于企业所在地环境的恢复治理，防止水土流失。"对此，应加强荒漠化治理，积极实施石漠化地区和东北黑土区等水土流失综合防治工程。建立和完善水电、采矿等企业的环境恢复治理责任机制，从水电、矿产等资源的开发收益中，安排一定的资金用于企业所在地环境的恢复治理，防止水土流失。

2. 措施

具体措施可归纳如下：

（1）依法行政，不断完善水土保持法律法规体系，强化监督执法。严格执行《中华人民共和国水土保持法》，通过宣传教育，不断增强群众的水土保持意识和法治观念，坚决遏制人为水土流失，保护好现有植被，重点抓好开发建设项目水土保持管理，把水土流失的防治纳入法制化轨道。

（2）实行分区治理，分类指导。西北黄土高原区，突出沟道治理，以淤地坝建设为重点，建设稳产高产基本农田，促进退耕还林还草；东北黑土区，大力推行保土耕作，保护和恢复植被；南方红壤丘陵区，采取封禁治理，提高植被覆盖度，通过以电代柴，解决农村能源问题；北方土石山区，改造坡耕地，发展水土保持林和水源涵养林；西南石灰岩地区，陡坡退耕，大力改造坡耕地，蓄水保土，控制石漠化；风沙区，营造防风固沙林带，实施封育保护，防止沙漠扩展；草原区，实行围栏、轮牧和休牧，建设人工草场。

（3）加强封育保护，依靠生态的自我修复能力，促进大范围的生态环境的改善。按照人与自然和谐相处的要求，控制人类活动对自然的过度索取和侵害。大力调整农牧业生产方式，在生态脆弱地区，封山禁牧，舍饲圈养，依靠大自然的力量，特别是生态的自我修复能力，增加植被，减轻水土流失，改善生态环境。

（4）大规模地开展生态建设工程。继续开展以长江上游、黄河中游地区，以及环京津地区的一系列重点生态工程建设，加大退耕还林力度，搞好天然林保护；规模开展黄土高原淤地坝建设，牧区水利和小水电代燃料工程，促进生态的恢复，巩固退耕还林成果；在内陆河流域，合理安排生态用水，恢复绿洲和遏制沙漠化。

（5）科学规划，综合治理。实行以小流域为单元的山、水、田、林、路统一规划，综合运用工程、生物和农业技术三大措施有效控制水土流失，合理利用水土资源，促进人口、资源与环境协调发展。尊重群众的意愿，推行群众参与式规划设计，把群众的合理意见吸收到规划设计中去，调动群众参与水土保持项目建设的积极性。

（6）加强水土保持科学研究。促进科技进步。不断探索有效控制土壤侵蚀、提高土地综合生产能力的措施，加强对治理区群众的培训，做好水土保持科学普及和技术推广工作。建设一批规模比较大的水土保持综合治理示范区和科技含量高的水土保持科技示范园区。先后建立了一批水土保持科学研究试验站、国家级水土保持试验区和土壤侵蚀国家重点实验室。积极开展水土保持监测预报，大力应用"3S"等高新技术，建立全国水土保持监测网络和信息系统，从2003年起连年发布全国及部分省区水土保持公报。对水土保持重点治理工程实施了水土保持动态监测。建立水土保持监测中心、水土保持基础数据库。

（7）完善和制定优惠政策，建立健全适应市场经济要求的水土保持发展机制，明晰治理成果的所有权，保护治理者的合法权益，鼓励和支持广大农民和社会各界人士，积极参与治理水土流失。

（8）加强水土保持方面的国际合作和对外交流。增进相互了解，不断学习、借鉴和吸收国外水土保持方面的先进技术、先进理念和先进管理经验，提高我国水土保持的科技水平。早在1935年，美国就颁布了《水土保持法》，1971年提出了通用土壤流失方程USI和风蚀预报方程WEO。同时，美国在免耕和封育保护等方面也进行了较为深入的探索，积累了宝贵的经验，值得学习。

进入21世纪，我国进一步实施可持续发展战略，加大水土保持和生态环境建设的力度，扩大在控制土壤侵蚀、提高土地综合生产能力和改善生态环境等方面的国际合作与交流，同国际社会一起，为我国乃至世界生态环境的改善，作出新的贡献。

第二节 水生态保护概念

一、水生态

水生态是指环境水因子对生物的影响和生物对各种水分条件的适应。生命的起源离不开水，水又是一切生物的重要组分。生物体不断地与环境进行水分交换，环境中水的质（盐度）和量是决定生物分布、种的组成和数量以及生活方式的重要因素。

二、水生态系统

水生态系统是由水生生物群落与水环境共同构成的具有特定结构和功能的动态平衡系统。

水生态系统可以按照地域进行大的分类，分为海洋水生态系统及陆地水生态系统。本书所指水生态系统仅指河流、湖泊、水库与池塘等构成的陆地地表水生态系统和地下水生态系统，其中河流与湖泊等地表水生态系统是主要内容。

三、水生态系统保护与修复

水生态系统保护是指现状水生态系统健康状况满足人类期望的前提下，采取减少人为干扰、加强监测及调查评价、风险评价及管理等手段保护相对良好的水生态系统，使其避免出现退化。

水生态修复是指基于系统生态学、恢复生态学、生态工程学、景观生态学等基本原理，采用人工或自然措施，使受损的水生态系统的结构、功能与景观恢复到人们所期望的人水和谐的参照水平或状态。

水生态系统修复的核心是建立生态系统的平衡。遵循生态学的基本原理，即生态系统中生物与环境间的作用关系、生物与生物之间的食物链特征，结合系统工程理论，按照某个参照水平，进行水生态系统的重建。

第二章 水 土 保 持 工 程

第一节 坡 面 治 理 工 程

坡面工程是治理面状侵蚀防止坡面水土流失的一系列工程技术措施的总称。水对坡面土壤的侵蚀主要有降雨对坡面的击溅侵蚀和降水所形成的地表径流对坡面的冲蚀两方面。就降雨而言，并不是一切规模的降雨都会对坡面土壤发生侵蚀作用。

坡面工程规划设计标准：根据原水利电力部颁发的《水土保持技术规范》（SD 238—87）及水利部颁发的《开发建设项目水土保持技术规范》（GB 50433—2008）规定，水土保持坡面工程"应能拦蓄一定频率的暴雨径流泥沙，超标准洪水允许排泄出沟"，且坡面工程设计标准为拦蓄 5～10 年一遇 24h 最大暴雨。目前我国南方均按拦蓄 10 年一遇 24h 最大暴雨进行设计。

在进行坡耕地或荒地治理规划的基础上，因地制宜地在水土流失坡面上规划布设蓄水沟、水窖、蓄水池、鱼鳞坑和截流沟等坡内小型蓄排水工程，以蓄排多余的雨水径流、保护梯田等坡面耕作区的安全、减少径流泥沙的入沟侵蚀量，建立完整的坡面水土保持防护体系。在我国南方和北方雨量较多的地区，都应考虑在坡面上规划布设小型蓄排水工程。规划布设时须考虑以下原则：

（1）坡面小型蓄排水工程应与坡耕地治理中的梯田、保水保土耕作等措施和荒地治理中的造林、种草等措施紧密结合，配套实施。

（2）在坡耕地治理的规划中，应将坡面小型蓄排水工程与梯田、保水保土耕作措施统一规划，同步施工，达到出现设计暴雨时能保护梯田区和保水保土耕作区安全的目的。同时，小型蓄排水工程的暴雨径流和建筑物设计，也应考虑梯田和保水保土耕作措施减少径流泥沙的作用。

（3）在荒地治理的规划中，应将坡面小型蓄排水工程与造林育林、种草育草统一规划，同步施工，达到出现设计暴雨时能保护林草措施的安全。同时，小型蓄排水工程的暴雨径流和建筑物设计，也应考虑造林育林和种草育草减少径流泥沙的作用。

（4）坡面小型蓄排水工程还应考虑蓄水利用。

一、蓄水沟设计

蓄水沟又称平水沟，沿等高线修筑，沟底水平，用来拦截梯田或坡地上游降雨径流，使其转变为土壤水。因沟埂均保持水平故又称为等高沟埂。我国南方多暴雨的山区田间及坡面应用较为普遍。

（一）蓄水沟设计原则

蓄水沟的间距和断面大小，应保证设计频率暴雨径流不致引起土壤流失，即蓄水沟截面大小要满足能拦蓄其控制的设计频率暴雨径流，蓄水沟的间距应使暴雨径流不引起坡面土壤侵蚀。蓄水沟的间距随山坡的陡缓及雨量的大小而异。在缓坡上一般为5～7m；在陡坡上为4～10m，雨量大的地区取小值。蓄水沟的横断面尺寸，一般情况下沟深度为0.5～1.0m，沟底宽度为0.4～0.7m，沟口宽为0.8～1.2m，土埂高度为0.4～0.7m，埂顶宽为0.3～0.5m，埂底宽为1.2～1.5m。沿蓄水沟纵向每隔5～10m设一道横档，保证沟底不水平时蓄水也能较均匀地下渗。常用的蓄水沟断面型式如图2-1-1所示。

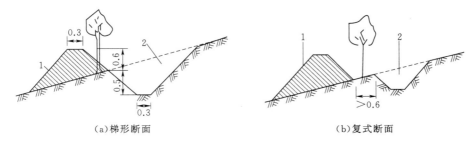

（a）梯形断面   （b）复式断面

图 2-1-1　蓄水沟断面图（单位：m）

1—沟埂；2—水沟

（二）蓄水沟布置

布置蓄水沟应根据山坡地形状况进行。在较规整的山坡上，蓄水沟可按设计间距，成水平的连续布置，分段拦蓄坡面径流。在切割严重的山坡上，结合治沟，在冲沟内修筑谷坊群，在坡面上修筑等高蓄水沟，使谷坊与蓄水沟共同承担蓄水拦沙任务。

由于蓄水沟的蓄水能力有限，为防止超设计暴雨而造成破坏，一般在布置蓄水沟时，还应设置泄洪口，使超量径流有出路。解决的办法是每隔1～2条蓄水沟布置一条截流沟，将水流引出坡面，或者挖筑一定数量的蓄水池，将超设计径流储存起来，干旱时用于灌溉农田。

（三）蓄水沟施工

蓄水沟的工程量均按挖方断面的土方量计算。蓄水沟施工主要包括确定基线、放土埂和开沟中心线，埂基清理，挖沟及筑埂等工序。

（1）确定基线和放土埂和开沟中心线。蓄水沟的基线为垂直等高线的直线。一般在坡面上可以确定一条或几条，以控制整个坡面。然后按蓄水沟的设计间距将基线分段，得到沟埂基点。从基点开始，用仪器或工具测出与基点等高的土埂中心线。同样按埂与沟中心的距离，放出开沟中心线。

（2）埂基清理。按土埂设计的基底尺寸，沿土埂中心线两侧清理地基，清基时要求消除坡面上的浮土、植物根系，并将坡面修成倒坡台阶。

（3）挖沟及筑埂。按开沟中心线和沟断面尺寸，开挖蓄水沟的挖方部分。将挖出来的土做埂，做埂时要求夯压密实，使土埂达到稳定。开沟时，应注意在沟底每隔5～10m留一道高度为沟深1/3～1/2的横向土隔墙。

（4）留好蓄水沟的泄洪口。按设计布置留好蓄水沟的泄洪口，并挖好泄水道。为了防止泄流冲刷，一般泄水口及泄水道应用块石或草皮衬砌保护。

蓄水沟施工时，由于土埂不易夯实，雨后容易被冲蚀，同时蓄水沟也会沉积泥沙。使蓄水沟容量减少。因此，在雨前雨后应对蓄水沟（埂）进行维修养护，以维护土埂的等高水平。修补时，用蓄水沟内的沉积土。

蓄水沟施工完成后，应按规划要求在蓄水沟的沟埂内侧植树造林，在土埂外坡上铺草皮或栽种灌木（如山毛豆和胡枝子等）以保护土埂安全，对整个坡面也应按规划要求合理配置林草措施，尽快地控制整个坡面的土壤侵蚀。

二、蓄水池设计

蓄水池是在地面挖坑或在洼地筑坑用以拦蓄地表径流和泉水的小型坡面蓄水工程。在我国北方习惯称为涝池，南方常称为水塘、池塘等。其任务就是拦蓄上游径流、泥沙，防止水土流失和储蓄水量用于灌溉。

蓄水池的设计一般按其所承担的主要任务，分别采用以下几种方法。

（一）按蓄水拦沙、防止水土流失要求设计

设计时，应使蓄水池容积大于或等于上游设计降雨径流量与泥沙总淤积量之和，即

$$V \geqslant W \tag{2-1-1}$$

式中　　V——蓄水池容积，m^3；

　　　　W——上游设计降雨径流量与设计泥沙总淤积量之和，m^3。

上游泥沙径流总量可用式（2-1-2）计算：

$$W = \frac{(h_1 \varphi + n h_2) F}{0.8} \tag{2-1-2}$$

式中　　h_1——设计频率 24h 最大暴雨量，m；

　　　　h_2——土壤年侵蚀深度，m；

　　　　φ——径流系数，采用当地经验值；

　　　　n——淤积年限，$n = 5 \sim 10$；

　　　　F——集水面积，m^2。

蓄水池按不同形状（如圆柱形、矩形和锅形等）计算出具体尺寸并使 $V \geqslant W$。水池内所蓄水，应尽量用于灌溉农田或待泥沙淤积后，及时放空。

（二）按储蓄水量、用于灌溉要求设计

设计时，应满足农田灌溉蓄水量，同时，也满足蓄水拦沙的要求。灌溉农田蓄水容积计算：

$$V_1 = \frac{\sum A_i M_i}{\eta + n h_2} \tag{2-1-3}$$

式中　　V_1——灌溉需要蓄水池容积，m^3；

　　　　A_i——某作物种植面积，hm^2；

　　　　M_i——某作物每公顷地一次最大需水量，旱作物 $M = 900 \sim 1050 m^2$，水稻应按泡
　　　　　　　田期用水计 $M = 145 \sim 155 m^2$；

　　　　η——池水有效利用系数，$\eta = 0.7 \sim 0.8$；

　　其他符号意义同前。

蓄水池容积 V 要求：$V \geqslant W$ 且 $V \geqslant V_1$，式中 W 按式（2-1-2）计算。

规划布置蓄水池时，应满足有利于引水入池和自流灌溉的要求，同时蓄水池不应靠近陡坎、切沟，防止渗水造成沟坎倒塌，一般最小距离应大于 2～3 倍的沟（坎）深度。

（三）按作养鱼或水域利用进行设计

若利用挖损坑、塌陷坑蓄水养鱼或作其他水域利用，要防止泥沙或其他污染物进入蓄水池内，设计可参照灌溉用蓄水池。

（四）以泥沙沉积为目的的蓄水池设计

除上述一般情况下田间和坡面蓄水工程外，另一类是利用挖损坑或塌陷地或低凹地修筑的蓄水池，其目的是拦蓄利用地面径流，减少冲刷。若专门用于沉淀淤泥泥沙，即为沉淀池，其设计原理基本上与蓄水池相似，只是要充分考虑径流含沙量（或其他泥沙物质含量）、淤积年限、清淤次数及相隔期限。

此外，还有旱井和水窖等蓄水工程。

三、截流沟设计

截流沟又称导流沟，是在坡面上与等高线斜交开挖的排水沟，沟底具有一定坡度。它的作用是将坡地上部的径流导引至天然冲沟，保护下部田地免遭冲刷。截流沟的断面形式同蓄水沟，一般均为梯形。截流沟不仅可以切断坡上产生的暴雨径流，还可以将径流按设计要求引至坡面蓄水工程或农田、林地和草场。由于水流在沟内流动，故沟底不留土隔墙，但需控制水流速度，防止沟内发生冲刷。当截流沟通过突变地形时，要设置适当的衔接建筑物消能防冲（如跌水和陡坡等）。

设计时根据截流沟的位置、地形、土壤、植被及设计降雨强度等因素，按式（2-1-4）计算出截流沟的最大过流量 Q_{max}：

$$Q_{max} = \frac{(I_1 - I_2)F}{0.8 \times 60} \qquad (2-1-4)$$

式中　Q_{max}——最大径流量，m^3/s；

　　　I_1——设计频率降雨强度，m/min；

　　　I_2——土壤平均入渗强度，m/min；

　　　F——集雨面积，m^2。

然后，根据沟线土壤特性选定其允许不冲流速 $v_{不冲}$，计算出沟底坡度 i 和沟断面积 A。按明渠均匀流计算，流速为

$$v = C\sqrt{Ri} < v_{不冲}$$

故沟底坡度 i：

$$i < \frac{v_{不冲}^2}{C^2 R} \qquad (2-1-5)$$

沟断面积：

$$A = \frac{Q_{max}}{v_{不冲}} \ 或 \ A = \frac{(I_1 - I_2)F}{0.8 \times 60 v_{不冲}} \qquad (2-1-6)$$

由式（2-1-6）可以看出，沟断面积将随集雨面积的增加而加大。故一般上游的沟

断面积较小，下游的沟断面积将逐渐加大。

截流沟断面尺寸计算：首先按式（2-1-5）计算沟的底坡，并以此坡降在坡面上布置截流沟位置。再将截流沟全线分成若干个段，取分段点为断面积计算点，按集雨面积用式（2-1-6）计算各点的过流断面积。然后按蓄水沟断面尺寸的计算方法计算截流沟各点的断面尺寸。通过对截流沟全线各分段点的计算，可得到若干个不同的断面尺寸。施工时，一般以分段点的断面作为该点上游段截流沟断面。为了避免沟断面在分段点形成突变，两个计算点之间的断面尺寸，可以作渐变安排。这样做可以减少施工工程量。

截流沟的施工：方法与蓄水沟大致相同，也有测量放线、挖沟与做埂过程。所不同的是测量放线的方法有区别。截流沟放线时，先在坡面上找到截流沟起点位置，在起点位置定基线和基点。然后从各层基点开始，用仪器按设计的底坡 i 放出土埂中心线。再按这条中心线在上坡挖沟取土做埂形成截流沟。为了保护截流沟，还应及时维修养护和植树造林。

四、鱼鳞坑设计

鱼鳞坑是在被冲沟切割破碎的坡面上，由于不便于修筑水平的截水沟，于是采取挖坑的方式分散拦截坡面径流、控制土壤流失的水土保持措施。挖坑取出的土，在坑的下方培成半圆的埂以增加蓄水量。在坡面上，坑的布置上下相间，排列成鱼鳞状，故名鱼鳞坑。

鱼鳞坑的布置及规格，应根据当地降雨量、地形、土质和植树造林要求而定。一般来说，鱼鳞坑间的水平距离（坑距）为 1.5～3.0m（约两倍坑径），上下两排坑的斜坡距离（排距）为 3.5～5.0m。坑深度约 0.4m，土埂中间部位填高约 0.2～0.3m，内坡 1:0.5、外坡 1:1，坑埂半圆内径约 1.0～1.5m，埂顶中间应高于两头。

鱼鳞坑设计：一般按能全部储蓄设计降雨径流确定鱼鳞坑的规格及数量，另外还可根据植树造林要求来确定鱼鳞坑的规格和密度，即按植树造林的株行距设置鱼鳞坑，使每树一坑。

在鱼鳞坑蓄水过程中，当单位面积来水量大于蓄水量时，鱼鳞坑蓄满，多余的水将沿埂端地面漫溢，流向下坡，例如按储蓄全部设计降雨径流设计的鱼鳞坑，遇到超设计标准降雨时，或者按植树造林要求，鱼鳞坑布置过稀，坑内蓄水容量不足时，均可能发生漫溢。鱼鳞坑发生漫溢时，最下一排鱼鳞坑的上沿土坡最易被冲蚀，因此须限制该处的流速小于土壤不冲流速，达到坡面不发生冲蚀。

当溢出鱼鳞坑的水流可能引起坡面土壤冲刷时，可考虑每隔 2～3 列鱼鳞坑布置一条截水沟，达到既防止水土流失，又能引补水源的要求，如图 2-1-2 所示。

鱼鳞坑的施工与其他坡面工程施工方法相近似，也有定基线、放线和挖坑填埂等过程。所不同的是，鱼鳞坑放线后还应按坑距定出鱼鳞坑的开挖中心。再从每个中心划出做埂的内圆弧线（即开挖线）。然后才挖坑、做埂，并将土埂夯压密实。鱼鳞坑修成后应及时种树造林。

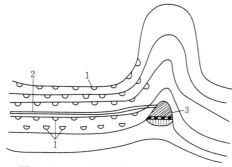

图 2-1-2　鱼鳞坑与截流沟联合使用
1—鱼鳞坑；2—截流沟；3—蓄水池

五、梯田设计

（一）梯田的作用

（1）坡地修成梯田，改变了地形，缩短了坡长，从而能有效地蓄水拦泥，控制水土流失。

在降雨过程中，当降雨强度一定时，坡面径流产生的冲刷能力与坡长成正比，即坡长越长，汇集的径流量越大，对坡面土壤的冲刷能力就越强。根据黄河中游各水土保持站的观测资料，梯田与坡耕地相比，可减少水土流失85%以上。

（2）坡耕地修成梯田，改变了田面坡度，增加了土壤水分的入渗时间，从而提高了土壤涵蓄水分、养分的能力，改善了土壤的物理、化学性质，为作物生长提供了良好的环境。

在相同的径流量和径流流线长的情况下，其流速将减小一半以上，则水流的入渗时间延长、土壤侵蚀量随之减小。

（3）坡面修成梯田，由于田面坡度平缓、宽度匀整，故为机械化耕作创造了有利条件。根据试验，当坡面坡度大于7°时，一般的农业机械就无法正常作业，耗油量增加，而且不安全。如果将坡耕地修成水平或近似水平的梯田，只要田面有足够宽度，就完全可以在梯田上进行机械化耕作，降低了劳动强度。

（4）坡面修成梯田后，可改善农业生产条件，提高单位面积粮食产量，从而促进退耕还林还牧，调整农业生产结构，有利于保护土地资源。

（5）坡面修成梯田，为沟壑治理创造了有利条件。

坡耕地在沟壑之上，是沟壑洪水、泥沙的主要来源区，坡面治理好了，就可以减轻沟壑水土保持工程措施的防洪负担，为沟壑治理、发展灌溉和农业生产、小气候的改变等创造了有利条件。

（二）梯田的类型

梯田的类型可按其修建目的、种植利用情况、断面形式和建筑材料进行划分。

（1）按修建的目的和种植利用情况，可分为农用梯田、果园梯田和造林梯田。农用梯田属于基本农田，田块较平坦方正，田坎坚固顺直。林用梯田呈水平阶状，田面很窄，沿等高线随弯就势。果园梯田介于两者之间，田面宽度不强求一致。

（2）按梯田的断面型式，可分为水平梯田、隔坡梯田、坡式梯田、反坡梯田和波浪式梯田等。

1）水平梯田是在山坡上沿等高线修成田面水平、埂坎整齐的台阶式梯田。水平梯田可拦蓄雨水，减免冲刷；便于机耕，易于灌溉；增加肥力，保证高产。它是防治坡耕地水土流失的根本措施，也是丘陵沟壑区的主要基本农田。

2）隔坡梯田是梯田与自然坡地沿山坡相间布置，在两梯田之间保留一定宽度的原山坡。隔坡梯田，不但扩大了控制水土流失的面积，也集中了大于自身几倍的降水，这在人少地多的干旱和半干旱山区是一种较好的基本农田形式。

3）坡式梯田田面坡度与山坡方向一致，坡度改变不大，修筑的工程量小，但保持水土能力差，需结合等高耕作法的农业技术措施。这种梯田是水平梯田的过渡型式，先在田边修一条较低的田坎，然后通过逐年耕作下翻，加高田坎，变为水平梯田。

4）反坡梯田田面坡向与上坡方向相反，成3°～5°的反坡，这种梯田有较强的蓄水和保土保肥能力，但用工较多。

5）波浪式梯田田面呈波浪形，没有明显的田坎，这种梯田多用在水土流失不太严重的缓坡坡耕地上。

（3）按用坎的建筑材料又可分为土坎梯田和石坎梯田等。

图2-1-3所示为各种型式梯田的示意图。

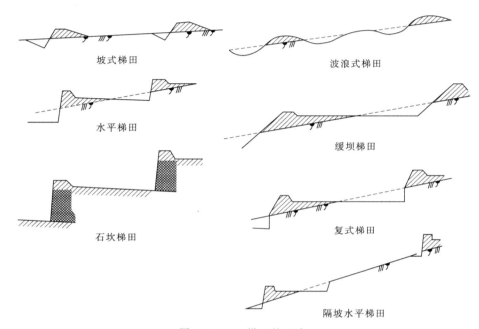

坡式梯田　波浪式梯田　水平梯田　缓坝梯田　石坎梯田　复式梯田　隔坡水平梯田

图2-1-3　梯田的型式

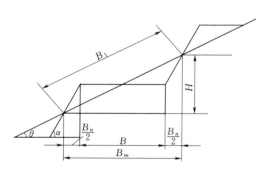

图2-1-4　水平梯田断面要素图
θ—田面坡度，(°)；α—田坎坡度，(°)；
H—田坎高度，m；B—田面净宽，m；
B_n—田坎占地，m；B_m—田间毛宽，m；
B_1—田间斜宽，m

（三）梯田的规划原则

（1）按照农业发展对基本农田提出的要求，确定梯田的种类、数量地点后，因地制宜，一面坡、一座山、一个小流域地进行全面规划。做到保持水土，充分利用土地资源。

（2）合理规划应达到集中连片，修筑省工，耕作方便，埂坎安全和少占耕地的要求。

（3）合理布设道路和灌溉系统。

（4）梯田一般应布置在25°以下的坡耕地上，25°以上的坡耕地，原则上应退耕，植树种草，还林还牧。

（四）梯田的断面设计

梯田的断面要素包括坡度、埂坎高度、埂坎坡度和田面宽度等参数，如图2-1-4所示。

从图 2-1-4 中可以看出，若田面宽度、埂坎坡度和地面坡度 3 个数值已知，则其余要素值均可由计算而得，如式（2-1-7）所示。

$$\left.\begin{array}{l} B_m = H\cot\theta \\ B = B_m - B_n = H(\cot\theta - \cot\alpha) \\ H = B/(\cot\theta - \cot\alpha) \\ B_1 = H/\sin\theta \end{array}\right\} \qquad (2-1-7)$$

对于一块具体的坡地而言，地面坡度为常数，因此田面宽度和埂坎坡度是梯田断面要素中起决定作用的因素。在断面设计和最优断面确定时，主要考虑这两个因素。

1. 田间宽度

一般根据土质和地面坡度先选定田坎高和田坎边坡，然后利用式（2-1-7）计算田面宽度，也可以根据地面坡度、机耕和灌溉需要先定田面宽。保证机耕和灌溉的条件下，田面宽度越小，修筑单位面积梯田的工程量越小。对于陡坡梯田，田面宽度一般为 5～15m，缓坡梯田宽度一般为 20～40m。

有机耕需要的地区，田间净宽至少应满足耕作机具转弯调头的需要；采用喷灌的地区，田面净宽与喷射半径应当互为整数倍，以免漏喷。对于无上述要求的地区，可以适当降低，以适于耕作和降低造价为宜。另外，田面宽度的选择还应该考虑土方平衡要求，尽量减少远距离土方运输。

2. 田坎高度与边坡

田坎高度选择与地面坡度、土质有关。田坎稳定性随高度而降低，但田坎高度过小会降低田面宽度，影响耕作。一般土质田坎的高度以 1～3m 为宜。缓坡地区田坎高度可以低些，如江苏省，缓坡的田坎一般在 0.6～1.2m。

田坎边坡影响田坎的稳定性和占地量。对于石质田坎，一般修成垂直田坎以减少占地。土质田坎的边坡选择应综合考虑土质和坎高因素。一定的条件下，田坎外坡越缓则安全稳定性越好，但其占地和用工量越大。反之，如埂坎外坡较陡，虽然用工量减少，但安全稳定性变差。田坎坡度的选择，就是在保证田坎坚固稳定的前提下，最大限度地少用工和少占地。

我国常用的水平梯田断面设计参考值见表 2-1-1。

表 2-1-1　　　　　　　　我国常用的水平梯田断面设计参考值

适应地区	地面坡度/(°)	田间净宽/m	田坎高度/m	田坎坡度/(°)
中国北方	1～5	30～40	1.1～2.3	70～85
	5～10	20～30	1.5～4.3	55～75
	10～15	15～20	2.6～4.4	50～75
	15～20	10～15	2.7～4.5	55～75
	20～25	8～10	2.9～4.7	50～75
中国南方	1～5	10～15	0.5～1.2	85～90
	5～10	8～10	0.7～1.8	85～90
	10～15	7～8	1.2～2.2	75～85
	15～20	6～7	1.6～2.6	70～75
	20～25	5～6	1.8～2.8	65～70

六、护坡

护坡工程是为了对局部非稳定自然边坡加固、稳定开发建设项目开挖地面或堆置固体废弃物形成的不稳定高陡边坡或滑坡危险地段而采取水土保持措施。常用的护坡工程有削坡开级措施、植物护坡措施、工程护坡措施、综合护坡措施及滑坡地段的护坡措施等。

（一）护坡工程设计基本原则

（1）护坡工程应根据非稳定边坡的高度、坡度、岩层构造、岩土力学性质、坡脚环境和行业防护要求等，分别采取不同的措施。

（2）不同的护坡工程，防护功能不同，造价相差很大，必须进行充分的调查研究和分析论证，做到既符合实际，又经济合理。

（3）稳定性分析是护坡工程设计最关键的问题，大型护坡工程应进行必要的勘探和试验，并采用多种分析方法比较论证，务求稳定，技术合理。

（4）护坡工程应在满足防护要求的前提下，充分考虑植被恢复和重建，特别是草灌植物的应用，尽量把工程措施和植物措施结合起来。

（二）削坡开级

削坡是削掉非稳定边坡的部分岩土体，以减缓坡度，削减助滑力，从而保持坡体稳定的一种护坡措施；开级则是通过开挖边坡，修筑阶梯或平台，达到相对截短坡长、改变坡型、坡度和坡比，降低荷载重心，维持边坡稳定的又一护坡措施。两者可单独使用，也可合并使用，主要用于防止中小规模的土质滑坡和石质崩塌。当非稳定边坡的高度大于 4m，坡比大于 1.0∶1.5 时，应采取削坡开级措施。

削坡开级措施应重点研究岩土结构及力学特性、周边暴雨径流情况，分析论证边坡稳定性，然后确定工程具体布设、结构型式和断面尺寸等技术要素，大型削坡开级工程还应考虑地震问题。

1. 土质边坡的削坡开级

土质高陡边坡的削坡开级型式主要有 4 种，即直线形、折线形、阶梯形和大平台形。

（1）直线形。直线形实际上是从上到下。对边坡整体削坡（不开级），使边坡坡度减缓，并成为具有同一坡度的稳定边坡的削坡方式，其适用于高度小于 20m、结构紧密的均质土坡；或高度小于 12m 的非均质土坡。对有松散夹层的土坡，其松散部分应采取加固措施。

（2）折线形。折线形是仅对边坡上部削坡，保持上部较缓下部较陡，剖面呈折线形的一种削坡方式，其适用于高 10～12m、结构比较松散的土坡，特别适用于上部结构较松散、下部结构较紧密的土坡。折线形削坡的高度和坡比，应根据边坡坡型、上下部高度、结构、坡比和土质情况经具体分析确定，以削坡后能保证稳定为原则，如图 2-1-5 所示。

（3）阶梯形。阶梯形就是对非稳定边坡进行开级，使之成为台、坡相间分布的稳定边坡，对于陡直边坡，可先削坡再开级，其适用于高 12m 以上，结构较松散；或高 20m 以上，结构较紧密的均质土坡，如图 2-1-6 所示。阶梯形开级的每一阶小平台的宽度和两平台间的高差，根据当地土质与暴雨径流情况，具体研究确定。一般小平台宽 1.5～2.0m，两台间高差 6～12m。干旱、半干旱地区，两台间高差大些；湿润、半湿润地区，两台间高差小些。开级后应保证土坡稳定，并能有效地减轻水土流失。

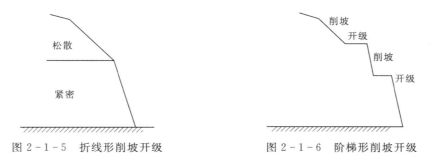

图 2-1-5 折线形削坡开级   图 2-1-6 阶梯形削坡开级

（4）大平台形。大平台形是开级的特殊形式，它是在边坡中部开出宽 4m 以上的大平台，以达到稳定边坡的目的，亦可在削坡的基础上进行，其适用于高度大于 30m，或在 8 度以上高烈度地震区的土坡。平台具体位置与尺寸，需根据 GB 50330—2013《建筑边坡工程技术规范》对土质边坡高度的限制，结合边坡稳定性验算，慎重确定。

2. 石质边坡的削坡开级

石质边坡的削坡适用于坡度陡直或坡型呈凸形，荷载不平衡；或存在软弱交互岩层，且岩层走向沿坡体下倾的非稳定边坡。除岩石较为坚硬，不易风化的边坡外，一般削坡后的坡比应小于 1∶1。石质边坡一般只削坡、不开级，但应留出齿槽（作用是排水和渗水），齿槽间距 3～5m，齿槽宽度 1～2m。在齿槽上修筑排水明沟和渗沟，深 10～30cm，宽 20～50cm。

3. 坡脚防护

削坡后因土质疏松而产生岩屑、碎石滑落或发生局部塌方的坡脚，应修筑挡土墙予以保护。无论土质削坡或石质削坡，都应在距坡脚 1m 处，开挖防洪排水沟。

4. 坡面防护

削坡开级后的坡面，应采取植物护坡措施。在阶梯形的小平台和大平台形的大平台中，应选择种植适宜的乔木、灌木或经济树种，其余坡面可种植草本或灌木。

（三）工程护坡

对堆置固体废弃物或山体不稳定的地段，或坡脚易遭受水流冲刷的地方，应采取工程护坡，其具有保护边坡，防止风化、碎石崩落、崩塌和浅层小滑坡等的功能。工程护坡省工、速度快，但投资高。

护坡工程应重点考察和勘测与坡体稳定性有关的各项特征因子，详细进行稳定分析；并根据周边防护设施的安全要求，确定合理的稳定性设计标准；坡脚易遭受洪水冲刷的应进行水文计算。然后比选护坡工程方案，明确工程布设、结构型式、断面尺寸及建筑材料。

工程护坡措施有勾缝、抹面、捶面、喷浆、锚固、喷锚、干砌石、浆砌石、抛石和混凝土砌块等多种形式。在此择其主要形式分述如下。

1. 砌石护坡

砌石护坡有干砌石和浆砌石两种形式，干砌石适用于易受冲刷、有地下水渗流的土质边坡，稳固性较差，但投资低；浆砌石护坡坚固，适宜于多种情况，但投资高。应根据不同条件分别选用。

（1）干砌石护坡：

1）对坡度较缓（1.0∶2.5～1.0∶3.0）、坡下不受水流冲刷的坡面，采用单层干砌块石护坡；重要地段，采用双层干砌块石护坡。干砌石护坡断面图如图2-1-7所示。

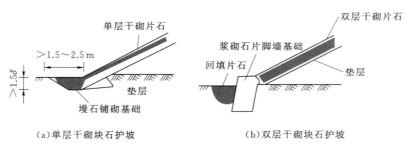

（a）单层干砌块石护坡　　　　　　（b）双层干砌块石护坡

图2-1-7　干砌石护坡断面图

2）坡度小于1∶1，坡体高度小于3m，坡面涌水现象严重时，应在护坡层下铺厚15cm以上的粗砂、砾石或碎石作为反滤层，封顶处用平整块石砌护。

3）干砌石护坡的坡度，应根据边坡上体的性质、结构而定，土质紧实的砌石坡度开陡些，否则砌石坡度应缓些。一般坡度1.0∶2.5～1.0∶3.0，个别可为1.0∶2.0。

（2）浆砌石护坡：

1）坡度在1∶1～1∶2之间，或坡面可能遭受水流冲刷，且冲击力强的地段。宜采用浆砌石护坡。

2）浆砌石护坡面层块石下应铺设反滤垫层。垫层分单层和双层，单层厚5～15cm，双层厚20～25cm（下层为黄沙，上层为碎石）；面层铺砌厚度为25～35cm。原坡面如为砂、砾、卵石，可不设垫层。

3）浆砌石石料应选择坚固的岩石，不得采用风化、有裂隙、夹泥层的石块，砂浆等级及要求参见有关规范。

4）对横坡方向较长的浆砌石护坡，应沿横坡方向每隔10～15m设置一道宽2cm的纵向伸缩缝，并用沥青或木板填塞。

2. 抛石护坡

坡脚在沟岸、河岸，雨季易遭受洪水淘刷的地段，应采用抛石护坡，如图2-1-8所示，有散抛块石、石笼抛石和草袋抛石3种方式，根据不同的情况，分别选用。

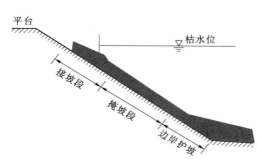

图2-1-8　抛石护坡断面

（1）散抛块石护坡。坡脚因受流水冲淘，坡下出现均匀沉陷时，应采取散抛块石固定坡脚，此方法宜于在沟（河）水流流速为3～5m/s的情况下采用。

1）抛石粒径。散抛块石护坡一般采用粒径为0.2～0.4m、重30～50kg的石料。

2）抛石厚度。一般0.6～1.0m，接坡段和近岸护坡段应加厚，掩坡段可薄些。

3）抛石后的稳定坡度，应不陡于1.0∶1.5。

（2）石笼抛石护坡。对坡度较陡，坡脚易受洪水冲淘，流速大于 5m/s 的坡段，应采取石笼抛石护坡。但在坡脚有滚石的坡段，不得采用此法。

1）根据当地材料情况，可选用铅丝、竹篾、木板、荆条和柳条等，做成不同形状的笼状物，内装石料。笼的网孔大小，以不漏石为宜。

2）石笼应从坡脚密集向上排列，上下层呈"品"字形错开，并在坡脚打桩，用铅丝向上拉紧，将各层石笼固定。

3）石笼铺设厚度，不得小于 0.4～0.6m。

4）石笼护坡的坡度，不得小于 1∶1.5～1∶1.8，可等于或略陡于饱和情况下的稳定坡度，但不应陡于临界休止角。

（3）草袋抛石护坡。适宜于坡脚不受洪水冲淘，边坡陡于 1.0∶1.5 的坡段。坡下有滚石的坡段不得采用此法。

1）草袋的石料粒径，一般为 1～3cm，沙土料粒径一般为 0.02～1.00cm。

2）草袋应从坡脚向上，呈"品"字形紧密排列，并在坡脚打桩，用铅丝向上拉紧，将各层草袋固定。

3）铺设厚度一般为 0.4～0.6m，铺后坡度不应陡于 1∶1.5～1∶1.8。

4）根据情况。可用尼龙袋装沙土代替草袋抛石。

3.混凝土护坡

在边坡极不稳定，坡脚可能遭受强烈洪水冲淘的较陡坡段，采用混凝土（或钢筋混凝土）护坡，必要时需加锚固定。

（1）坡度小于 1∶1，高度小于 3m 的坡面，采用混凝土砌块护坡，砌块长宽各 30～50cm；坡度在 1.0∶0.5～1.0∶1.1 之间的，采用钢筋混凝土砌块护坡，砌块长宽各 40～60cm，目前混凝土砌块多采用预制件。

（2）坡面涌水较大时，用粗砂、碎石或砂砾等设置反滤层。反滤层是由 2～4 层颗粒大小不同的砂、碎石或卵石等材料做成的，顺着水流的方向颗粒逐渐增大，任一层的颗粒都不允许穿过相邻较粗一层的孔隙。同一层的颗粒也不能产生相对移动。设置反滤层后渗透水流出时就带不走堤坝体或地基内的土壤，从而可防止管涌和流土的发生。反滤层常设于土石等材料修筑的堤坝或透水地基上，也常用于防汛中处理管涌、流土等险情。为了有效排出坡面涌水，应修筑盲沟排水。盲沟在涌水处下端水平设置，沟宽 20～50cm，深 20～40cm。

4.喷浆护坡

在基岩有细小裂隙、无大崩塌的防护坡段，采用喷浆机进行喷浆或喷混凝土护坡，以防止基岩风化剥落。在有涌水和冻胀严重的坡面，不得采用此法。

（1）喷涂水泥砂浆的砂石料最大粒径 15mm。水泥和砂石的重量比为 1∶4～1∶5，砂率为 50%～60%，水灰比为 0.4～0.5。速凝剂的添加量为水泥重量的 3% 左右。

（2）喷浆前必须清除坡面的活动岩石、废渣、浮土和草根等杂物，填堵大缝隙、大坑洼。

（3）在某些条件较好的地方，可根据当地土料情况，就地取材，用胶泥喷涂护坡，或用胶泥作为喷浆的垫层。

（4）岩石风化、崩塌严重的地段，可加筋锚固后再喷浆。

5. 综合护坡措施

综合护坡措施是在布置有拦挡工程的坡面或工程措施间隙上种植植物，其不仅具有增加坡面工程的强度、提高边坡稳定性的作用，而且具有绿化美化的功能。综合护坡措施是植物和工程有效结合的护坡措施，适宜于条件较为复杂的不稳定坡段。

综合护坡措施应在稳定性分析的基础上，比选工程与植物结合和布局的方案，确定使用工程物料的形式、重量，并选择适宜的植物种，在特殊地段布局上还应符合美学要求。

（1）砌石草皮护坡。在坡度小于1∶1，高度小于4m，坡面有渗水的坡段，采取砌石草皮护坡措施。

1）砌石草皮护坡有两种形式：①坡面下部1/2～2/3处采取浆砌石护坡，上部采取草皮护坡；②在坡面从上到下，每隔3～5m沿等高线修一条宽30～50cm砌石条带，条带间的坡面种植草皮。根据当地具体条件，分别采用。

2）砌石部位一般在坡面下部的渗水处或松散地层出露处，在渗水较大处应设反滤层。

（2）格状框条护坡。在路旁或人口聚居地，坡度小于1∶1的土质或砂土质的坡面，采用格状框条护坡措施。

1）用浆砌石在坡面做成网格状。网格尺寸一般为2.0m见方，或将网格上部做成圆拱形，上下两层网格呈"品"字形错开。浆砌石部分宽0.5m左右。

2）混凝土或钢筋混凝构件一般采用预制件。规格为宽20～40cm，长1～2m，修成格式建筑物。为防止格式建筑物在坡面向下滑动，应固定框格交叉点或在坡面深埋横向框条。

3）在网格内种植草皮。

6. 滑坡地段的护坡措施

由于开挖和人工扰动地面，致使坡体稳定失衡，形成的滑坡潜发地段应采取固定滑坡的护坡措施。主要有削坡反压、排除地下水、滑坡体上造林、抗滑桩、抗滑墙等措施，这些措施也可结合使用。

（1）削坡反压。削坡反压就是在坡脚修抗滑挡土墙，稳定坡体，将上部陡坡挖缓。取土反压在下部缓坡，使整个坡面受力均匀，控制上部向下滑动的一种滑坡防治措施，如图2-1-9所示，适用于上陡下缓的推动式滑坡。

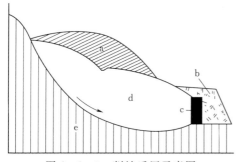

图2-1-9 削坡反压示意图
a—削土减重部位；b—卸土修堤反压；
c—渗沟；d—滑坡体；e—山体

（2）排除地下水。当滑坡形成的主导因素是地下水时，首先在滑坡外沿开挖水沟，排除来自滑坡外围的水体。同时，在坡脚修抗滑挡土墙，墙后设排水渗沟，墙下设排水孔，排除滑坡体内的地下水，以控制坡体下滑的动力。

（3）滑坡体上造林。在滑坡体上部修筑排水沟，排除外来水的同时，在滑坡体上种植深根性乔木和灌木，利用植物蒸腾作用，减少地下水对滑坡的促动；利用根系固定坡面（图 2-1-10）是稳定边坡的重要措施，其适用于滑坡体目前基本稳定、但由于人为挖损等原因仍有滑坡等潜在危险的坡面。滑坡体上护坡林的配置，应从坡脚到坡顶依次为乔木林、乔灌混交林和灌木纯林。

（4）抗滑桩。当坡面有两种风化程度不同的软弱岩层交互相间分布时，软岩层极易形成塑性滑动层，引起上部剧烈滑动的，应采取抗滑桩工程，稳定坡面，如图 2-1-11 所示。抗滑桩主要适用浅层及中型非塑滑坡前沿，对于塑流状深层滑坡则不宜采用。

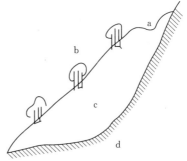

图 2-1-10　滑坡体造林
a—排水沟；b—坡面造林；
c—滑坡体；d—不透水层

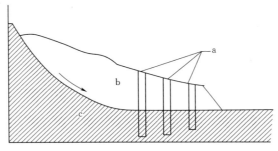

图 2-1-11　抗滑桩
a—抗滑桩；b—滑坡体；c—不透水层

1）抗滑桩断面分 1.5m×2.0m 和 2.0m×3.0m 两种，应根据作用于桩上的岩土体特性、下滑力大小以及施工要求，具体研究确定。

2）抗滑桩的埋深与其结构、滑体本身有关，应通过应力分析确定。

3）抗滑桩应与其他措施配合使用，根据当地具体情况，可在抗滑桩间加设挡土墙或其他支撑建筑物。

（5）抗滑墙。当滑坡比较活跃，急需有效控制时，应在滑坡体坡脚将抗滑挡土墙向上延伸，修筑块石护坡，如图 2-1-12 所示。

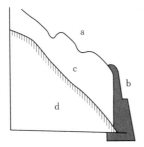

图 2-1-12　抗滑墙
a—排水沟；b—抗滑墙并块石护坡；
c—滑坡体；d—不透水层

坡面工程的修建，只能说是坡面治理的开端，而养护、维修和管理则是长期的工作。它不仅关系着工程本身的使用效能，而且影响着整个小流域水土保持体系的综合效益。过去有些地方重建轻管，结果造成年年治理、年年流失，无法改善水土流失的面貌，这种教训应予以重视。

养护、修护和管理是充分发挥工程效益的保证。如新建的坡面工程，在降雨前后应及时检查修护，使其处于最佳工作状态。对建造坡面工程的裸露土壤，应及时栽种作物及树木，使地面得到覆盖，避免雨水的直接冲刷，同时还应对作物和树木加强管理，提高经济效益。

七、坡面治理的配套措施

（一）农业耕作技术措施

在水土保持各项措施中，坡面治理除工程措施外，采取合理的农业耕作技术，仍是一种有效的措施，尤其在地多人少劳动力不足的情况下，可以通过等高耕作、横向带状间耕作等农业耕作技术，达到保水保土的目的。

（二）坡面水土保持林草措施

坡面水土流失治理除工程措施外，应配以耕作技术措施（田间治理）和林草措施（坡面治理），使流失坡面能尽快地为植物覆盖。因此，坡面经工程整治后，应根据当地的具体情况，建立合适的林草防护体系。

坡面水土保持林包括水源涵养林、分水岭防护林及坡面防护林等。

在水土流失坡面种植草本植物是一项见效快、成效高的水保措施。种草不仅能保持水土，而且还可以改良土壤。提供"三料"（饲料、肥料和燃料），水土保草有撒播及条播等。

第二节　沟　道　工　程

沟道的水土流失主要表现为切沟侵蚀、崩塌、滑坡、泻溜、崩岗和泥石流等形式。它们是由于面蚀状态未能及时控制，水土流失不断发展和恶化而形成的严重流失状态。其结果除使流失地区的地面切割破碎和影响当地农、林、牧业生产外，大量泥沙流至下游，使下游河道淤积，从而加剧洪水灾害。

沟道治理须从上游着手通过截、蓄、拦、导和排等工程措施，采取坡、沟兼治的办法减少坡面径流，避免沟道冲宽与下切。并结合植物措施来加速治理过程和巩固治理效果。

利用工程措施来治理侵蚀沟谷的具体做法是：首先合理安排坡面工程拦蓄径流；对于不能拦蓄的径流，通过截流沟导引至坑塘、水库或经不易冲刷的沟道下泄。采用治坡工程仍可能有部分径流不能完全控制，流入沟道还会产生冲刷，于是须对沟道进行治理。治沟时，通常在沟上游修筑沟头防护工程，防止沟头继续向上游发展。在侵蚀沟内分段修建谷坊，逐级蓄水拦沙，固定沟床和坡脚，抬高侵蚀基准面。在支沟汇集和水土流失地区的总出口，可合理安排兴建拦沙坝或淤地坝，控制水土不流出流域范围，减轻下游的泥沙和洪水灾害。

沟道工程的内容包括沟头防护工程、谷坊、拦沙坝或淤地坝以及泥石流防治工程和沟壑防冲林等。

一、沟头防护工程

沟头位于侵蚀沟的最上端，是坡面径流容易集中的地方。一般侵蚀沟有一个以上的沟头，其中，距沟口最远的沟头称为主沟头。

沟头前进（溯源侵蚀）是沟道侵蚀的表现形式之一。它对于农业生产危害很大，主要表现为蚕食耕地，切断交通，使地形更加支离破碎，造成大量的土壤流失。沟头溯源侵蚀的速度很快，据山西省五寨县的实测资料表明，毛沟年平均溯源侵蚀5～10m，有些甚至高达数十米，一次暴雨可使沟头前进1～2m。

沟头防护工程的主要任务，就是制止坡面暴雨径流由沟头进入沟道或使之有控制地进入沟道，从而制止沟头前进，保护地面不被沟壑割切破坏。建设沟头防护工程与营造沟头防护林要紧密结合，以达到共同控制径流、固定沟头、制防沟头前进的效果。沟头防护工程的防御标准，取10年一遇3～6h最大暴雨。

另外，沟头的上部边沿也是沟沿的一部分，当坡面来水不仅集中于沟头，同时在沟边另有多处径流分散进入沟道的，应在修建沟头防护工程的同时，围绕沟边，修建沟边埂，防止坡面径流进入沟道。

沟头防护工程分蓄水型和排水型两类。

（一）蓄水型沟头防护工程

当沟头上部坡面来水量较少。沟头防护工程可以全部拦蓄的采取蓄水型沟头防护工程。蓄水型沟头防护工程又分为沟埂式和围埂蓄水池式两种。

1. 沟埂式沟头防护工程

沟埂式沟头防护工程，是在沟头上部坡面沿等高线开沟取土筑埂，即围绕沟头开挖与沟边大致平行的一道或数道蓄水沟，同时在每道蓄水沟的下侧1～1.5m处修筑与蓄水沟大致平行的土埂，沟与埂共同拦蓄坡面汇集而来的地表径流，切断沟壑赖以溯源侵蚀的水源，如图2-2-1所示。若沟埂附近地形条件允许时，可将沟埂内蓄水引入耕地进行灌溉。

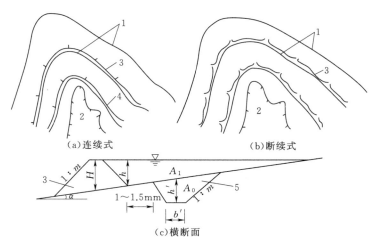

图2-2-1　沟埂式沟头防护工程
1—等高线；2—沟头；3、4—沟埂；5—蓄水沟

（1）沟埂的布置。沟埂的布置是依据沟头上部坡面的地形和汇集的径流多少而定的。当沟头上部坡面地形较完整时，可做成连续式的沟埂；当沟头上部坡面较破碎时，可做成断续式沟埂。当第一道沟埂的蓄水容积不能全部拦蓄坡上径流时，应在其上侧布设第二道、第三道沟埂，直至达到能全部拦蓄沟头以上坡面径流为止。第一道土埂距沟沿应保持一定距离，以蓄水渗透不致造成沟岸崩塌或陷穴为原则，一般第一道沟埂距离沟头边缘

3～5m 为宜。当遇到超设计标准暴雨或上方沟埂蓄满水之后，水将溢出，为防止暴雨径流漫溢冲毁土埂，沿埂每隔 10～20m 设置一个深 20～30cm、宽 1～2m 的溢水口，并用草皮铺盖或石块砌护。为了保护土埂不受破坏，可于土埂上栽植灌木或种草；在沟与埂的间距内，可结合鱼鳞坑栽植适地树种。连续式沟埂还应在每道埂上侧相距 10～15m 处设一挡墙，挡墙高 0.4～0.6m，顶宽 0.3～0.5m，以免径流集中造成土埂漫决冲毁。

（2）沟埂设计。沟埂式沟头防护工程设计主要是确定土埂和蓄水沟的断面尺寸、沟埂的长度、条数及间距。

1）沟埂断面尺寸的确定。沟埂断面尺寸确定的原则是：沟埂的全部蓄水容积（V）应能满足拦蓄沟头以上坡面设计标准的来水量（W），即

$$V \geqslant W \qquad (2-2-1)$$

沟埂是沿等高线水平布设的，它的蓄水容积（V）可按棱体公式计算。从图 2-2-1（c）可知，沟埂最大蓄水横断面积为

$$A = A_0 + A_1 \qquad (2-2-2)$$

A_0、A_1 分别按下式计算：

$$A_0 = h'(b' + mh') \qquad (2-2-3)$$

$$A_1 = 1/2h^2(m + \cot\alpha) \qquad (2-2-4)$$

沟埂的蓄水容积为

$$V = LA = L(A_0 + A_1) \qquad (2-2-5)$$

以上式中　A ——沟埂最大蓄水横断面积，m²；

　　　　　A_0 ——蓄水沟横断面积，m²；

　　　　　A_1 ——土埂与坡面组成的蓄水横断面积，m²；

　　　　　L ——沟埂总长度，m；

　　　　　h ——土埂蓄水深度，m；

　　　　　h' ——蓄水沟深度，m；

　　　　　b' ——蓄水沟底宽，m；

　　　　　m ——土埂、蓄水池边坡比；

　　　　　α ——坡面坡度，(°)。

从式（2-2-5）看出，在一定来水量下，沟埂长度与沟埂断面尺寸大小相互消长，设计时，依沟头上部坡面的地形条件合理确定沟埂长度和沟埂断面尺寸，使其满足式（2-2-1）的要求。

土埂一般为梯形断面，埂高 0.8～1.0m，顶宽 0.4～0.5m，内外边坡比1:1。蓄水沟底宽 0.4～0.8m，深度 0.5～1.0m，边坡比1:1。

2）沟埂间距的确定。布设多道沟埂时，应使前一道埂的顶端与后一道埂的底面在同一高程上，使各沟埂能充分发挥蓄水作用，其埂间距用式（2-2-6）计算：

$$L = H\cot\alpha \qquad (2-2-6)$$

式中　L ——相邻两埂水平距离，m；

　　　H ——土埂高度，m；

　　　α ——坡面坡度，(°)。

2. 围埝蓄水池式沟头防护工程

当沟头以上坡面有较平缓低洼地段时，可在平缓低洼处修建蓄水池，同时围绕沟头前沿呈弧形修筑围埝切断坡面径流下沟去路，围埝与蓄水池相连将径流引入蓄水池中，这样组成一个拦蓄结合的沟头防护系统，如图 2-2-2 所示，同时蓄水池内存蓄的水也可得以利用。

当沟头以上坡面来水较大或地形破碎时，可修建多个蓄水池，蓄水池相互连通组成连环蓄水池。蓄水池位置应距沟头前缘一定距离，以防渗水引起沟岸崩塌。

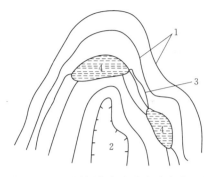

图 2-2-2　围埝蓄水池式沟头防护工程
1—等高线；2—沟壑；3—嗣埂；4—蓄水池

一般要求距沟头 10m 以上，蓄水池要设溢水口，并与排水设施相连，使超设计暴雨径流通过溢水口和排水设施安全地送至下游。

蓄水池容积与数量应能容纳设计标准时上部坡面的全部径流泥沙。其设计与前面章节中蓄水池设计方法相同。围埝为土质梯形断面，埝高 0.5~1.0m，顶宽 0.4~0.5m，内外坡比各约 1∶1。

（二）排水型沟头防护工程

沟头防护，在一般情况下应采取以蓄水为主的方式，把水土尽可能拦蓄起来加以利用。而当沟头以上坡面来水量较大，蓄水型沟头防护工程不能完全拦蓄，或由于地形、土质限制，不能采用蓄水型时，应采用排水型沟头防护工程。例如受侵蚀的沟头临近交通要道，若修筑蓄水式沟头防护工程，将会切断交通，此时可采取排水型沟头防护工程把径流导至集中地点，通过泄水建筑物有控制地把径流排泄入沟。

跌水是水利工程中常用的消能建筑物，在排水型沟头防护工程中用作坡面水流进入沟道的衔接防冲设施。依据跌水的结构型式不同，排水型沟头防护工程一般可分为台阶式和悬臂式两种。

1. 台阶式沟头防护工程

台阶式沟头防护工程又可分为单级式和多级式。单级式适宜于落差小于 2.5m、地形降落比较集中的地方，由于落差小，水流跌落过程产生的能量不大，采用单级式可基本消除其能量，如图 2-2-3 所示。当落差较大而地形降落距离较长的地方，宜采用多级跌

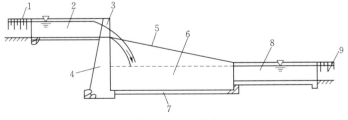

图 2-2-3　跌水
1—上游渠道；2—进口连接渐变段；3—跌水口；4—跌水墙；5—侧墙；
6—消力池；7—底板；8—出口连接渐变段；9—下游渠道

水，使水流在逐级跌落过程中逐渐消能，在这种情况下如采用单级式，因落差过大，下游流速大，必须做很坚固的消力池，建筑物的造价高。

（1）跌水的组成与构造。跌水通常由进口连接渐变段、跌水口、跌水墙、消力池和出口连接渐变段等几部分组成。

1）进口连接渐变段：进口连接渐变段的上游端连接上游渠道，承接沟头以上汇集而来的地表径流，下游端连接跌水口。连接渐变段由翼墙和护底组成。翼墙的作用使水流较平顺地引入跌水口，它的形式常采用八字式或扭曲面式，如图2-2-3所示。翼墙进口端以齿墙伸入岸坡0.3～0.5m，以防止进口处的坡岸冲刷。翼墙顶部应高出最高水位0.2～0.3m。

护底的作用是防止水流冲刷。护底厚度，用片石砌护时为0.25m，用混凝土砌护时为0.1～0.12m。护底进口处应以齿墙伸入底部0.3～0.5m。

进口连接渐变段长度可取2～3倍上游渠中水深。

2）跌水口：跌水口的过流形式是一个自由泄流的堰，泄流能力要比渠道大得多。如果跌水口和渠道断面大小一样，在通过同样流量时，跌水口前的水深要比渠道中的原有水深小。产生水位降落，使跌水前的一段渠道里流速加大，可能造成冲刷，如图2-2-4中的"3"线所示，所以一般要将跌水口缩窄。但若缩窄过多，在通过同样流量时将产生水位壅高，又可能造成淤积或增加渠堤工程量，如图2-2-4中的"2"线所示。因此，为了避免使上游渠道冲刷或淤积，跌水口的尺寸应满足使跌水口处的水深和渠道内的水深相接近。跌水口通常采用矩形和梯形两种断面型式，如图2-2-5所示。矩形跌水口宽度是按设计流量确定的，因此在通过其他流量时，则不能满足跌水口处的水深和渠道内的水深相接近这一要求，梯形跌水口上大下小，它具有适应流量变化的优点。但对抗冲刷能力较强，或壅水后增加渠堤工程不大时，为施工方便也常做成矩形断面。跌水口的长度（顺水流方向）应不小于2.5倍的上游渠中水深。跌水口由边墙和底板组成，其构造要求同上游连接段。

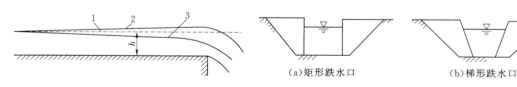

（a）矩形跌水口　　　（b）梯形跌水口

图2-2-4　跌水口过流型式　　　　　图2-2-5　跌水口型式
1—原水面线；2—壅水；3—跌水

3）跌水墙：跌水口和消力池之间用跌水墙连接。跌水墙采用挡土墙型式，顶宽为0.4m，临水面做成垂直面，填土面做成斜坡，斜坡面的坡度在墙高1～2m时取1:0.25，2～3m时取1:0.3。对跌差较小的跌水，也可将跌水墙做成1:1的衬砌混凝土。

跌水墙两端应插入两岸，墙基要求较深，以防水流对两岸和墙基的冲刷，威胁建筑物的安全。

4）消力池：由侧墙和护底组成。它的作用是消除下泄水流动能，防止冲刷下游渠道。消力池的侧墙构造和跌水墙构造相同，护底砌筑厚度可取0.35～0.4m。

由于侧墙与跌水墙较重，传递到地基上的应力较大，与护底应利用分缝分开。在沉陷性小的土基上，跌水墙与侧墙可做在一起，不设分缝。

5）出口连接渐变段：出口连接渐变段与进口连接渐变段形状相同，但由于出口处水流非常紊乱、为了使它逐渐平顺地过渡到下游渠道，出口连接渐变段较长，其长度可取与消力池相等。

出口连接渐变段的衬砌应做成透水的，可用干砌石砌筑。

（2）跌水的水力计算。

1）设计流量计算。排水型沟头防护工程的设计流量可按式（2-2-7）计算：

$$Q = \psi I F \tag{2-2-7}$$

式中 Q——设计流量，m^3/s；

I——10年一遇1h最大降雨强度，m/s；

F——沟头以上集水面积，m^2；

ψ——径流系数。

2）跌水口水力计算。跌水口按自由式不隆起宽顶堰计算，矩形跌水口宽度为

$$\left. \begin{aligned} b &= \frac{Q}{\varepsilon M H_0^{3/2}} \\ H_0 &= H + \frac{v_0^2}{2g} \end{aligned} \right\} \tag{2-2-8}$$

式中 Q——设计流量，m^3/s；

H_0——包括行进流速在内的堰顶水头，m；

H——上游渠中水深，m；

v_0——行进流速，m/s；

M——流量系数，一般取 $M = 1.62$；

ε——侧收缩系数，一般取 $\varepsilon = 0.85 \sim 0.95$。

3）消力池水力计算。消力池水力计算的任务是确定消力池的深度和长度，如图2-2-6所示。

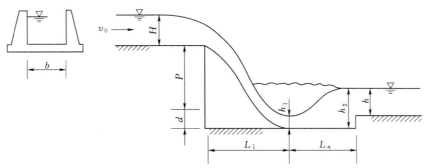

图2-2-6 矩形消力池计算示意图

收缩断面水深（h_1）用式（2-2-9）试算确定：

$$E = h_1 + \frac{q^2}{2g\varphi^2 h_1^2} \tag{2-2-9}$$

跌后水深（h_2）用式（2-2-10）计算：

$$
\left.
\begin{aligned}
h_2 &= \frac{h_1}{2}\left[\sqrt{1+\frac{8\alpha q^2}{g h_1^3}}-1\right] \\
E &= P + d + H + \frac{v_0^2}{2g} \\
q &= Q/b
\end{aligned}
\right\}
\tag{2-2-10}
$$

以上式中　　P ——跌差，m；

d ——消力池深度，m；

H ——上游水深，m；

v_0 ——行进流速，m/s；

h_1 ——收缩断面水深，m；

q ——单宽流量，m²/s；

α ——流速不均匀系数，一般可取 $\alpha = 1$；

φ ——流速系数，一般为 $\varphi = 0.9 \sim 1.0$；

h_2 ——跌后水深，m；

E ——总水头，m。

消力池深度 d 采用式（2-2-11）计算：

$$
d = \sigma h_2 - h
\tag{2-2-11}
$$

消力池长度 L 用式（2-2-12）计算：

$$
\left.
\begin{aligned}
L &= L_1 + L_n \\
L_1 &= \varphi\sqrt{H_0(2P'+H_0)} \\
P' &= P + d \\
H_0 &= H + \frac{v_0^2}{2g}
\end{aligned}
\right\}
\tag{2-2-12}
$$

以上式中　　L_1 ——水流自由跌落时的水平射程；

L_n ——壅高水跃长度，$L_n = 3h_2$；

σ ——系数，一般采用 0.5～1.0；

h ——下游水深，m。

2. 悬臂式沟头防护工程

当沟头为落差较大的悬崖时，宜选用悬臂式沟头防护工程。

悬臂式沟头防护工程由进口连接渐变段和悬臂渡槽组成，如图 2-2-7 所示。进口连接渐变段与单级跌水的进口连接渐变段相同。悬臂渡槽一端嵌入进口连接渐变段，另一端伸出崖壁，使水流通过渡槽排泄下沟。在沟底受水流冲击的部位，可铺设碎石垫层以消能防冲。

悬臂渡槽可用木板、石板、混凝土板或钢板制成。为了增加渡槽的稳定性，应在其外伸部分设支撑或用拉链固定。悬臂渡槽一般采用矩形断面，其断面尺寸可按式（2-2-13）估算：

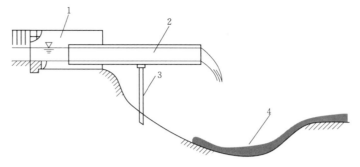

图 2 - 2 - 7 悬臂式跌水
1—进口连接渐变段；2—悬臂渡槽；3—支撑；4—碎石

$$b = 0.355 \frac{Q}{\sqrt{h^3}} \qquad (2 - 2 - 13)$$

式中 b——槽底宽度，m；

h——槽中水深，m；

Q——设计流量，m³/s，可用式（2 - 2 - 7）计算。

二、谷坊

谷坊是横拦在沟道中的小型挡拦建筑物，其坝高小于 3～5m，适于沟底比降较大（5%～10%或更大）的支毛沟。谷坊的主要作用是防止沟床下切，稳定山坡坡脚，防止沟岸扩张，减缓沟道纵坡，减小山洪流速，减轻山洪或泥石流灾害。谷坊型式如图 2 - 2 - 8 所示。

（一）谷坊的种类和选择

（1）谷坊的种类。根据谷坊所用建筑材料的不同，大致可分为土谷坊、石谷坊、柳谷坊、浆砌石谷坊和混凝土谷坊等多种。

图 2 - 2 - 8 谷坊型式

（2）谷坊类型的选择。应根据地形、地质、建筑材料、技术、经济和防护目的等确定。一般情况下，以就地取材为原则，选择工程类型；对于项目本身有特殊防护要求的，如铁路、公路、厂矿和居民点等，则需选用坚固的永久性谷坊，如混凝土谷坊等。

（二）谷坊高度与间距的确定

（1）谷坊高度。一般与建筑材料有直接的关系。谷坊高度以主要承受水压力和土压力而不被破坏为原则，根据现有资料和经验，提供几种常用谷坊的断面尺寸（表 2 - 2 - 1）。

表 2 - 2 - 1　　　　　　　常用谷坊的断面尺寸表

类型	断面			
	高度/m	顶宽/m	迎水坡	背水坡
土谷坊	1.5～5.0	1.0～1.5	1：1.5	1：1.5

27

续表

类型	断面			
	高度/m	顶宽/m	迎水坡	背水坡
干砌石谷坊	1.0～2.5	1.0～1.2	1:0.5～1:1	1:0.5
浆砌石谷坊	2.0～4.0	1.0～1.5	1:0.5～1:1	1:0.3
柳谷坊	0.1～1.0			

（2）谷坊间距。与谷坊高度及淤积泥沙表面的临界不冲坡度有关，实际调查资料证明，在谷坊淤满之后，其淤积泥沙的表面不可能绝对水平，而是具有一定的坡度，称稳定坡度。目前常用以下几种方法来计算谷坊上下游表面的稳定坡度 i_c 的数值。

1）根据坝前淤积土的土质来决定淤积物表面的稳定坡度。砂土为 0.005，黏壤土为 0.008，黏土为 0.01，粗砂兼有卵石子为 0.02。

2）按照瓦兰亭（Valentine）公式来计算稳定坡度：

$$i_c = 0.093d/H$$

式中　　d ——砂砾的平均粒径，m；

　　　　H ——平均水深，m。

瓦兰亭公式适用于粒径较大的非黏性土壤。

3）认为稳定坡度为沟底原有坡度的一半。例如，在未修谷坊之前，沟底天然坡度为 0.01，则认为谷坊淤土表面的稳定坡度为 0.005。

4）修筑实验性谷坊，在实验性谷坊淤满之后，实测稳定坡度。根据谷坊高度 H，沟床天然坡度 i 以及谷坊坎前淤积面稳定坡度 i_c，可按下式计算谷坊间距 L：

$$L = H/(i - i_c)$$

（三）谷坊位置的确定

在选择谷坊坝址时，应考虑以下几方面的条件：①谷口狭窄；②沟床基岩外露；③上游有宽阔平坦的储砂地方；④有支流汇合的情形在汇合点的下游；⑤谷坊不应设置在天然跌水附近的上下游。

谷坊的具体技术要求可参照国家标准《水土保持综合治理技术规范沟壑治理技术》（GB/T 16453.3—2008）中的第二篇《谷坊》执行。

三、淤地坝

在我国西北黄土高原区及华北、东北等地区，沟壑治理中采取筑坝淤地的措施，既缓洪拦沙，巩固沟床，又淤地增产。淤地坝是指在水土流失地区各级沟道中，以拦泥淤地为目的而修建的坝工建筑物，其拦泥淤成的地称为坝地。在流域沟道中，用于淤地生产的坝称为淤地坝或生产坝，如图 2-2-9 所示。筑坝拦泥淤地，对于抬高沟道侵蚀基准面、防治水土流失、滞洪、拦泥、淤地，减少入黄泥沙、改善当地生产生活条件、建设高产稳产的基本农田、促进当地群众脱贫致富等方面有着十分重要的意义，是小流域综合治理的一项重要措施。在水土流失严重的地区，由于淤地坝投资少见效快、坝地利用时间长、效益高，深受群众欢迎。

图 2-2-9 淤地坝的型式

　　在黄土高原丘陵沟壑区各级沟道中兴建缓洪拦泥淤地工程，用以拦蓄径流泥沙、控制沟蚀，充分利用水沙资源，改变农业生产基本条件，改善当地生态环境，促进区域经济发展，效果十分明显，是该地区人民群众首创的一项独特的水土保持工程措施；它不同于国外的留淤坝和拦沙坝，而是一种淤地种植的坝工工程，淤地坝的型式在我国山西、陕西、内蒙古、甘肃等省（自治区）分布最多。

　　黄河中游地区，有着悠久的治沟打坝历史，劳动人民在与自然灾害的斗争中，创造了拦泥淤地、抗旱、增产的淤地坝。据历史记载，最早的淤地坝是自然形成的，即所谓天然聚湫，距今已有 400 多年的历史。人工修筑淤地坝，始于 400 年前的明代万历年间山西汾西一带。到了清代，晋西和陕北地区也开始筑坝。民国时期，我国近代水利先驱李仪祉先生，将淤地坝作为治理黄河的方略设想的组成部分。新中国成立以来，淤地坝逐渐发展成为改善当地农业生产条件的一项重要措施。20 世纪 70 年代初，水坠法筑坝的试验成功，使工效成倍提高、成本大幅度降低（提高工效 3～6 倍，降低成本 60％以上），从而使淤地坝建设得到了迅速发展，形成了"沟沟打坝、坝坝水坠"的局面。水坠坝（也称冲填坝）即为利用水枪、挖泥船等水力机械挖掘土料，和水混合一起，用泥浆泵通过输泥管送到坝面由土围成的地块中，水经由排水管排到坝外，土粒沉淀下来，在自重及排水产生的渗透压力作用下得到压实。一般意义的水坠坝是一种半水力机械化筑坝方法。它以自流或提水的方式把水引向山坡土场，利用水流使土料湿化、崩解，搅拌成为浓度很大的泥浆，靠自重经输泥沟输送到坝面，经脱水固结形成密实的坝体。把土料的开挖、运输和填筑压实等多道繁重的工序借助于水力来完成，从而大幅度提高了劳动功效，降低工程造价。水坠法筑坝工效高、速度快、成本低、方法简单，在淤地坝工程施工中应用较多。水坠坝适用于透水性较强的砂性土，可连续作业，工效高，不用运输及碾压机具。这种坝施工期间填土完全被水饱和，干容重和强度均低，压缩性高，并在坝体上部形成"流态区"，对上下游坝坡施加泥水推力，易招致滑坡和裂缝，需放缓坝坡，设坝内排水，并限制大坝上升速度。中国建造了很多水坠坝，其中以广东省 68m 的高坪坝为最高。

　　（一）淤地坝的分类

　　按建筑材料可分为土坝、石坝和土石混合坝等，按建筑材料和施工方法可分为夯碾坝、水力冲填坝、水中填土坝、走向爆破坝、堆石坝、干砌石坝、浆砌石坝和混凝土坝等。

（二）淤地坝分级标准

淤地坝一般根据库容、坝高、淤地面积和控制流域面积等因素分级。表2-2-2为《黄河中游水土保持治沟骨干工程技术规范》（SD 175—86）所列分级标准，供参考。

表 2-2-2　　　　　　　　　　　　淤 地 坝 分 级 标 准

分级标准	库容/万 m³	坝高/m	单坝淤地面积/亩	控制流域面积/km²
大型	100～500	>150	>50	>15
中型	10～100	30～150	30～50	1～15
小型	<10	<30	<30	<1

（三）淤地坝设计洪水标准

淤地坝设计洪水标准见表2-2-3。

表 2-2-3　　　　　　　　　　　　淤 地 坝 设 计 洪 水 标 准

分级标准		大型	中型	小型
洪水重现期/a	正常（设计）	20～30	10～20	10
	非常（校核）	200～300	100～200	50～100
设计淤积年限/a		10～15	5～10	2～5

（四）坝系总体布局

1．坝系布局的原则

坝系布局的原则为：①坝系布局应全面考虑上下游，干支沟，统筹安排；②最大限度地发挥坝系调洪拦沙，淤地增产的作用，充分利用流域内的自然优势和水沙资源，满足生产上的需要；③各级坝系，自成体系，相互配合，联合运用，调节蓄泄，确保坝系安全；④坝系中必须布设一定数量的控制性的骨干坝，作为防洪保坝、安全生产的中坚工程；⑤在流域内进行坝系布局的同时，要提出交通道路布局。对泉水、基流水源，应提出保泉、蓄水利用方案，勿使水资源浪费。坝地盐碱化影响产量，设计中应包括防治措施，以防后患。

2．坝系布局

坝系布局是由沟道地形、利用形式以及经济技术的合理性与可能性等因素来确定，一般常见的有：①上淤下种，淤种结合；②上坝生产，下坝拦淤；③轮蓄轮种，蓄种结合；④支沟滞洪，干沟生产；⑤以排为主，漫淤滩地；⑥高线排洪，保库灌田；⑦隔山凿洞，邻沟分洪；⑧坝库相间，清洪分治。建设项目区泥石流沟道的淤地坝布局应把拦沙和保障安全放在首位，然后才能考虑利用的问题。

3．坝系形成和建坝顺序

（1）坝系形成的顺序。坝系形成的顺序应根据其控制流域面积的大小和人力、物力等条件合理安排，一般有3种：①先支后干，符合先易后难、工程安全和见效快的原则；②先干后支，干沟宽阔成地多，群支汇干淤地快，但工程设计标准高，需投入较多的人力和物力；③以干分段，按支分片，段片分治。当流域面积较大时，必须与地方综合治理相结合。

（2）坝系中建坝的顺序。

1）自下而上，即从下游向上游逐座修建，形成坝系，这种顺序可集中全部泥沙于一坝，淤地快、收益早；淤成一坝，再打一坝，上游始终有一个一定库容的拦洪坝，确保下游坝安全生产，并能供水灌溉。

2）自上而下，即从上游向下游逐座修建，上坝修成时，再修下坝，依次形成坝系。按这种顺序，单坝控制流域面积小，来洪少，可节节拦蓄，工程安全可靠，且规模不大，易于实施。但坝系形成时间长，淤地较慢，上游无坝拦蓄洪水，坝地防洪保收不可靠，初期防洪水能力较差。

（3）坝系密度。应根据降雨情况、沟道比降、沟壑密度、淤地条件等，按梯级开发利用原则，因地制宜地确定，据各地经验，在沟壑密度 $5\sim7km/km^2$，沟道比降 $2\%\sim3\%$，适宜建坝的黄土丘陵沟壑区，可建坝 $3\sim5$ 座$/km^2$；在沟壑密度 $3\sim5km/km^2$，适宜建坝的残垣沟壑区，可建坝 $2\sim4$ 座$/km^2$；沟道比较大的土石山区，建坝 $5\sim8$ 座$/km^2$ 比较适宜。

4. 淤地坝工程设计

淤地坝工程设计与拦渣坝工程设计相似，具体技术要求可参照国家标准《水土保持综合治理技术规范沟壑治理技术》（GB/T 16453.3—2008）中的第三篇《淤地坝》执行。

四、沟壑防冲林

（1）在纵坡比较小的支沟沟底，进行成片造林，以巩固沟底，缓流落淤。

（2）在纵坡较大，下切较为严重的支沟或沟段，应在修建各类谷坊的基础上，在谷坊淤泥面上成片造林，以乔灌混交最好；北方沟底以杨、柳为主，南方可考虑柳杉、水杉。

（3）在沟头跌水下部，沟底下切到红胶土层的沟段，可采用连环坑造林，顺沟底从上到下每隔 $5\sim15m$ 挖一个半月形坑，形成连环坑，在坑内造林；沟道径流大时，可在沟床一侧挖排水沟。

第三节　护岸与治滩工程

护岸护滩是为了防止项目区因洪水冲毁沟岸、河岸，而导致沟（河）岸坍塌、加剧洪水危害所修建的工程。护岸护滩应尽量与淤滩造地等综合利用结合起来，做到节约费用。

护岸护滩工程设计，应详细考察河岸、沟岸地形、地质、气象及水文情况和防护要求，选在明确采取护岸护滩措施的地段；作必要深度的地质勘探、水文分析，比较选定布置线路、规模，提出其结构型式、布置方式、断面尺寸，应明确护岸护滩措施所需材料的采料位置及运输路线。护岸护滩的布设原则如下：

（1）护岸护滩工程主要有坡式护岸、坝式护岸护滩和墙式护岸等三类，根据各地具体条件分别选用。

（2）工程布设之前，应对河道或沟道的两岸情况进行调查研究，分析在修建护岸护滩工程之后，是否影响水流走向，导致下游或对岸发生新的冲刷。

（3）工程应大致按河岸走向和地形设置，应外沿顺直，力求没有急剧弯曲。

（4）工程高度，应保证高于最高洪水位。

（5）在河沟的弯道处，凹岸水位比凸岸水位高，高出的数值可按下式进行近似计算。

$$H = (v^2 B)/(gR)$$

式中　H ——凹岸水位高于凸岸水位的数值，m；

　　　v ——水流流速，m/s；

　　　B ——河（沟）道宽度，m；

　　　R ——弯道曲率半径，m；

　　　g ——重力加速度，m/s²。

一、坡式护岸

坡式护岸分护坡和护脚两种情况。枯水位与洪水位之间采用护坡工程；枯水位以下采用护脚工程。护坡工程前面有叙述，护脚工程有抛石护脚、石笼护脚、柴枕护脚、柴排护脚等几种形式。应根据水流速度、河岸坡度、建筑材料来源等选用。

（一）抛石护脚

抛石护脚是较为经济的一种护脚形式，抛石直径一般为 20～40cm。它适宜于流速在 1～2m/s 之间，水流冲击较小的河岸采用。

（1）抛石范围。上部自枯水位开始，下部根据河床地形而定。对深泓线距岸较远的河段，抛石至河岸底坡度达 1：3～1：4 的地方即可。对深泓线逼近岸边的河段，应抛至深泓线。

（2）抛石护脚边坡。应小于块石体在水中的休止角（坡比应为 1.0：1.4～1.0：1.5，根据当地实测资料确定，一般不大于 1.0：1.5～1.0：1.8），等于或小于饱和情况下河（沟）岸稳定边坡。抛石的厚度，一般 0.4～0.8m，相当于块石直径的 2 倍。在接坡段紧接枯水位处，加抛顶宽 2～3m 的平台，岸坡陡峻处（局部坡度大于 1.0：1.5，重点险段大于 1.0：1.8），需加大抛石厚度。

（二）石笼护脚

石笼护脚多用于河沟流速大于 2～3m/s，岸坡较陡的地方。石笼由铅丝、钢筋、木条、竹篾、荆条等制作，内装块石、砾石或卵石构成。铺设厚度一般为 0.4～0.5m，其他技术要求与抛石护脚相同。

（三）柴枕护脚

柴枕抛石范围，上端应在常年枯水位以下 1m，其上加抛接坡石，柴枕外脚加抛压脚大块石或石笼。柴枕规格应根据防护要求和施工条件确定，一般枕长 10～15m，枕径 0.6～1.0m，柴石体积比约为 7：3，柴枕一般做成单层抛护，根据需要也可用双层或三层抛护。

（四）柴排护脚

用于沉排护岸，其岸坡不大于 1.0：2.5。排体上端在枯水位以下 1m。排体下部边缘，根据估算的最大冲刷深度，并达到使排体下沉后，仍可保持大于 1.0：2.5 的坡度，相邻排体之间向下游搭接不小于 1m。

二、坝式护岸护滩

坝式护岸护滩主要有丁坝、顺坝两种形式，以及丁坝与顺坝结合的拐头坝及 T 字形坝。应根据具体情况分析选用。由于丁坝、顺坝都具有挑水的作用，导致对岸冲刷。因此，修建丁坝、顺坝应符合河道整治规划，并征得河道主管部门的同意。

丁坝、顺坝一般应依托滩岸修建。丁坝一般按治导线在凹岸成组布置，丁坝坝头位置在规划的治导线上；顺坝沿治导线布置。丁坝、顺坝可根据结构及水位关系、水流的影响，采用淹没或不淹没坝、透水或不透水坝。

（一）丁坝

丁坝根据与水流走向的关系，可分为上挑丁坝和下挑丁坝。应根据河岸、沟岸的实际情况选用。丁坝多采用浆砌石，有时也采用土心丁坝。丁坝间距一般为坝长的 1～3 倍，可根据防护要求确定。

（1）浆砌石丁坝。坝顶高程一般高于设计水位 1m 左右；坝体长度，根据工程的具体条件确定，以不影响对岸滩岸遭受侧冲为原则；坝顶宽度为 1～3m，两侧坡度 1.0：1.5～1.0：2.0。

（2）土心丁坝。坝身用壤土、砂壤土填筑，坝身与护坡之间设置垫层，一般采用砂石、土工织物做成。坝顶高度为 5～10m，根据工程需要可适当增减；裹护部分的外坡一般 1.0：1.5～1.0：2.0，内坡与外坡相同或适当变陡。坝顶面护砌厚度为 0.5～1.0m。

（二）顺坝

顺坝是顺河岸、沟岸修筑的防洪建筑物，其轴线方向与水流方向接近平行，或略有微小交角。根据建坝材料，顺坝可分为土质顺坝、石质顺坝和土石顺坝三类。

（1）土质顺坝。坝顶宽度为 2～5m，一般 3m 左右，外坡不小于 1.0：2.0，内坡1.0：1.0～1.0：1.5。

（2）石质顺坝。坝顶宽度为 1.5～3m，外坡 1.0：1.5～1.0：2.0，内坡 1.0：1.0～1.0：1.5。

（3）土石顺坝。坝基为细砂河床的，应设沉排，沉排应伸出坝基宽度，外坡不小于6m，内坡不小于 3m。

三、墙式护岸

墙式护岸是安全坚固、造价较高的一种护岸工程，一般用于特殊重要的防护地段。墙式护岸临水面采取直立式，背水面可采取直立式、斜坡式、折线式、卸载台阶或其他形式。墙体材料可采用钢筋混凝土、混凝土、浆砌石等。截面尺寸及墙基嵌入河床下的深度，根据具体情况及稳定性验算分析确定。具体设计计算可参考挡土墙要求进行。

墙式护岸墙后与岸坡之间应回填砂、砾石，并与墙顶相平。墙体设置排水孔，排水孔处设反滤层。沿墙式护岸长度方向及地基条件改变处设置变形缝。其分段长度为：钢筋混凝土结构 20m，混凝土结构 15m，浆砌石结构 10m，岩基上的墙体分段可适当加长。

墙式护岸嵌入岸坡以下的墙基结构，可采用地下连续结构或沉井结构。地下连续墙要采用钢筋混凝土结构，断面尺寸根据结构分析计算确定；沉井一般采用钢筋混凝土结构，其应力分析计算可采用沉井结构计算方法。

第四节 小型蓄排引水工程和集雨节水灌溉工程

一、小型蓄排引水工程

小型蓄排引水工程的作用在于将坡地径流及地下潜流拦蓄起来，以减少水土流失危害，灌溉农田，提高作物产量。其工程包括小型蓄水排水工程、小水库、蓄水塘坝、淤滩造田、引洪漫地和引水上山等。本节将就水土保持工程常用措施阐述如下。

（一）水窖

水窖又称旱井，即在地下挖成井或缸的形式，以储蓄地表径流，多修在中国北方干旱山区和黄土地区，主要解决人畜用水困难的问题，是一种地下埋藏式蓄水工程。在雨水集蓄利用工程中，水窖是采用得十分普遍的蓄水工程形式之一，因其结构简单，造价低，蒸发渗漏少，是人畜用水和小面积灌溉、减少水土流失的有效工具，在土质地区和岩石地区都有应用。土质地区的水窖多为圈形断面，可分为圆柱形、瓶形、烧杯形和坛形等，其防渗材料可采用水泥砂浆抹面、黏土或现浇混凝土；岩石地区的水窖一般为矩形宽浅式，多采用浆砌石砌筑。

1. 水窖的形式

根据形状和防渗材料的不同，水窖可分为黏土水窖、水泥砂浆薄壁水窖、混凝土盖碗水窖和砌砖拱顶薄壁水泥砂浆水窖等，主要根据当地土质、建筑材料和用途等条件选择。黄河流域的水窖形式有井窖和窑窖两种（图2-4-1），多用井窖。

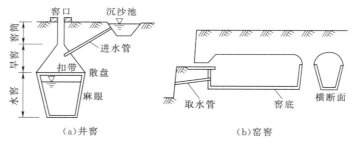

图2-4-1 水窖结构示意图

井窖的主要组成部分有窖筒、旱窖（不蓄水）、水窖（蓄水部分）和沉沙池。窖形有锅扣缸式、瓮式和酒瓶式，土质差时采用缸扣缸式、喇叭筒式和枣核式。与井窖相比，窑窖容量较大，技术简单，施工容易，出土方便，开挖较快，还可自流引水，取水方便。窑窖的横断面同窑洞［图2-4-1（b）］，主要组成部分有窖门、窖顶、水窖和沉沙池。窖顶矢跨比一般为1:2，跨度3～4m，矢高1.5～2.5m，窖高8～15m，蓄水部分为上宽下窄的梯形槽，边坡横比为8:1，深3～4.5m，底宽1.5～4.5m。

2. 窖址的选择

（1）窖址要选择有较大来水面积和径流集中的地方。吃水窖一般选在院内、场边和村庄的硬地面附近。生产用的水窖多选在地头、路边和山坡凹洼处。

（2）窖址处要土质良好，以质地坚硬、黏结性强的胶土最好，硬黄土和黑垆土次之。从土的节理上看，立土较好，卧土差。土层要深厚，土质均一，无裂缝、陷坑和洞穴，以保证水窖坚固、耐用、不漏水。

（3）窖址处要有好的地形和环境条件，窖址要远离裂缝、陷穴、沟头和沟边。崖坎窖窖要选在高度在 3m 以上的崖坎底下。窖址距离树木、房屋等建筑物要有一定的距离，以免树根吸水钻穿窖壁，或是水窖损坏危及建筑物安全。吃水窖必须远离粪坑、渗污井、厕所、猪圈和坟墓，以保证饮水清洁卫生。

（4）窖址要尽可能临近水利设施。在有条件的地方，窖址的选择尽量和附近的井、渠、涝池和抽水站串联起来，长短结合，调剂余缺，提高水窖的蓄水次数。

3. 水窖来水量计算

正确计算来水量，是确定水窖大小的可靠依据。来水量的测定取决于来水面积和径流量。有径流观测资料的地方，可根据径流量直接计算来水量；若无观测资料，可查阅当地水文手册，或通过调查当地的降雨、径流和原有水窖收入情况，估算来水量。计算公式如下：

$$W = hF_1 \tag{2-4-1}$$

或

$$W = \alpha PF_1 \tag{2-4-2}$$

上二式中　　W——来水量，m^3；

h——年平均径流深度，mm；

F_1——来水面积，m^2；

P——多年平均降雨量，mm；

α——径流系数。

4. 水窖的容积计算

对于井窖，其容积可按下式估算：

$$V = \frac{h}{3}(S_D + S_O + \sqrt{S_D S_O}) \tag{2-4-3}$$

式中　　h——最大蓄水深度，m；

S_D——井底面积，m^2；

S_O——井窖蓄水深度处的水面面积，m^2。

对于窑窖，其容积可按下式估算：

$$V = 0.5(b_1 + b_0)hl \tag{2-4-4}$$

式中　　b_1——窑窖蓄水面宽度，m；

b_0——窑窖顶宽，m；

h——窑窖蓄水深度，m；

l——窑窖长度，m。

5. 窖壁防渗处理

水窖防渗，多用胶泥捶，也有一些采用水泥抹面。

（1）胶泥捶。防渗材料主要为红黏土掺和部分黄土。1958 年黄河水利委员会水科所试验，防渗材料的颗粒组成要求沙粒、粉粒、黏粒的比例以 1：2：1 较好。掺料拌好后，加水浸泡透，搅拌均匀。然后，用水将窖壁洒湿，开始用胶泥塞进麻眼钉窖，窖钉好后及时捶打，共捶 20 遍左右，直至干容重达 1.7g/cm³ 为止，捶成后，上、中、下和底部的厚度依次为 2cm、3cm、4cm、5cm。最后，倒几担水并加盖，以保持窖内潮湿，防止干裂。

（2）水泥抹面。所用材料白灰砂浆体积比为 1：（1.5～2），水泥砂浆体积比为 1：（1～2），先用白灰砂浆打底，接着用水泥砂浆抹面，再用水泥浆漫一层。水泥窖应漫至窖口，以增加有效容量。

（二）蓄水池

蓄水池，中国北方地区一般称为涝池，中国南方地区一般称为坡塘、山湾塘。北方地区多用以拦蓄坡面径流、道路洪水，以解决人畜用水为主，并结合灌溉，多修在村庄附近、路旁、山坡浅凹地、沟头以上集流处，或挖坑、或筑埝、或半挖半填而成。南方地区由于地表径流和泉水丰富，蓄水保证率高，多以灌溉为主，并结合水生养殖业生产，多修在浅沟的上、中游坡凹地及水田以上集流槽等地方。

蓄水池一般多为圆形。蓄水容积根据来水面积、雨量、灌溉需水量等具体情况而有所不同。有的几百立方米，个别的达到 10 万 m³ 以上，水深保持在 3m 左右。

1. 蓄水池位置布设

蓄水池应尽量选在高于农田的天然局部低地上，以便汇集径流，便于自流灌溉，减少工程量，一般在沟头、路旁、村边等处的坚实土地上都可布置。但在沟头坡崖畔上布置时，蓄水池应远离沟边，以策安全。布置形式通常有下列几种：

（1）路边蓄水池，主要可用来防止道路冲毁。路边低洼地长期积水影响交通时，也可在路边布设。

（2）沟头蓄水池，主要用以保护沟头拦蓄洪水，如利用沟头低洼地或人工挖筑的蓄水池。

（3）田间蓄水池，主要用于田间灌溉，如在梯田较高处的天然低地，或在引洪渠、灌溉渠边低洼地修筑的灌溉蓄水池。

2. 蓄水池的组成及防渗

蓄水池包括池底、池坎（埝）和进出口 3 个部分。池底多呈锅底形，一般须进行防渗处理。池坎常修成斜坡，以利稳定，仅在取水处修成台阶形，以便上下；池坎应高出地面 0.3～0.7m. 顶宽为 1.0m 左右。

目前，蓄水池防渗漏的方法有微生物法、化学法、塑料薄膜法以及人工胶泥防渗和水泥砂浆抹面防渗等方法。前两种方法技术要求较高；后面的方法较简单，应用广泛。

3. 蓄水池的容积及形态

蓄水池在平面上的形态有浅锅底形、圆形、圆台形和长方形，常见的为浅锅底形。蓄水池的容积由集水面积上的径流量而定，可分别按以下公式计算：

浅锅底形 $$V = \frac{3}{5}\pi R^2 H \qquad (2-4-5)$$

圆形 $$V = \frac{2}{3}\pi R^2 H \qquad (2-4-6)$$

圆台形 $$V = \frac{1}{3}\pi(R_1^2 + R_1 R_2 + R_2^2)H \qquad\qquad (2-4-7)$$

长方形 $$V = \frac{1}{2}(BL + dI)H \qquad\qquad (2-4-8)$$

以上式中 　V——蓄水池（涝池）容积，m^3；

　　　　　R——蓄水池的平均半径，m；

　　　　　R_1——上圆和下圆的半径，m；

　　　　　H——蓄水池深，m；

　　　B、d——蓄水池上方形和下方形长度，m。

计算结果应使 $V=Q$（年平均径流量），若不相等，则需调整蓄水池容积。

二、集雨节水灌溉工程

集雨节水灌溉工程是指对降雨进行收集、汇流和存储，以供生活用水或进行节水灌溉的一整套系统。

集雨节水灌溉工程一般由集雨系统、输水系统、蓄水系统和用水系统组成。

1. 集雨系统

集雨系统主要是指收集雨水的集雨场地，也称集流场。建立集雨，首先应考虑具有一定产流面积的地方作为集雨场，如果没有天然的地方可利用，则要人工修建集雨场。为了提高集流效率，减少渗漏损失，要用不透水物质或防渗材料对集雨场表面进行防渗处理。

2. 输水系统

集流场和蓄水设施不一定在一起，集流场也可以不止一个，如果相距有一定的距离就需要用输水沟把各个集流场收集到的雨水集中到一起送到蓄水设施。其形式和大小要根据各地的地形条件、防渗材料的种类以及经济条件等，因地制宜地进行规划布置。

3. 蓄水系统

蓄水系统包括储水设施、净化设施和消力设施等。

（1）储水设施。储水设施的作用就是存储雨水。各地群众在实践中创造出了许多不同的形式。西北、华北、黄土高原一带，主要是建水窖（窑）和蓄水池；而南方土石山区则多建山塘。

（2）净化设施。在所收集的雨水进入存储系统之前，一般须经过一定的沉淀过滤处理，以除去雨水在汇集与输送过程中混进的泥沙等杂物。常用的净化设施有沉沙池和拦污栅。

（3）消力设施。为了减轻进窖（窑）水流对窖底的冲刷，要在进水暗管（渠）的下方窖（窑）底部设置消力设施。根据进窖流量的大小，可选用消力池或消力筐或设石板（混凝土板块）。

4. 用水系统

用水系统是实现雨水高效利用的最终设施。储蓄的雨水一般作为人畜用水和田间灌溉之用，因此，用水系统可以分为两部分：一是生活用水系统，二是田间灌溉系统。

生活用水系统包括提水设施、高位水池、输水管道和水处理设施等。

田间灌溉系统包括首部提水设备、输水管道、田间过滤器和灌水器等节水灌溉设备。由于各地地形条件、雨水资源量、灌溉作物和经济条件的不同，可选择适宜的节水灌溉方法。常用的灌溉方法有滴灌、渗灌、微喷灌、坐水种、注射灌、膜下穴灌与细流沟灌等。

第五节　治　　沙

工程治沙是指在风沙侵蚀区设置障碍物，或采取一定的工程设施，对风沙流进行干预，以固定、阻挡或疏导流沙，改变风沙运动规律，减轻风沙危害的各种工程措施的总称。常见的工程措施主要有机械沙障、化学治沙、风力治沙以及水力治沙等。

一、机械沙障

机械沙障又称沙障或风障，是采用柴、草、树枝、黏土、卵石、板条等材料，在沙面上设置各种形式的障蔽物，通过改变下垫面性质，增加地表粗糙度来改变风沙运动条件，以控制风沙运动的方向、速度、结构，改变蚀积状况，达到防风阻沙、改变风的作用力及地貌状况的目的。

机械沙障具有效果好，见效快的特点，在治沙中具有极其重要的地位，是植物措施无法替代的。在自然条件恶劣地区，尤其是植物难以成活地区，机械沙障是治沙的主要措施。在自然条件比较好的地区，一般首先采用机械沙障，当风沙危害降低到一定程度后，再采用植物措施治沙。

（一）机械沙障的类型

按防沙原理和设置方式方法的不同划分为平铺式沙障和直立式沙障两大类。

平铺式沙障按设置方法不同又分为带状铺设式和全面铺设式。带状沙障是沿主风向每隔一定距离垂直于主风向设置沙障。沙障通常由柴、草、枯秆、枝条、黏土、卵石等材料铺设，主要用于防治风向较为单一的沙害。全面平铺式沙障是将覆盖物全面铺平在沙面上，适用在铁路和公路两侧或项目区周围的地段，防沙效果最佳，但工程量和投资较高。

（二）机械沙障的工作原理

（1）平铺式沙障。平铺式沙障属固沙型的沙障。利用柴、草、卵石等材料物质铺盖于沙面上，阻隔风与松散沙层的接触，起到就地固定流沙的作用。但对过境风沙流中的沙粒截阻作用不大。

（2）直立式沙障。直立式沙障大多是积沙型沙障。风沙流受到障碍物的阻挡，风速降低，挟沙能力下降，部分沙粒沉积在障碍物的周围，以此来减少风沙流的输沙量，从而起到防治风沙危害的作用。

（3）透风结构沙障。当风沙流经过沙障时，一部分分散为许多素流穿过沙障间隙，摩擦阻力加大，产生许多涡旋，互相碰撞，消耗了动能，使风速减弱，风沙流的挟沙能力降低，在沙障前后就形成积沙。透风沙降在沙障前的积量小，沙障不易被沙埋，而在沙障后不断积沙，沙堆平缓向纵深方向伸展，积沙范围延伸的较远，因而拦蓄沙粒的时间长，积沙量大。

（4）不透风或紧密结构沙障。当风沙流经过沙障时，在障前被迫抬升，而越过沙障后又急剧下降，在沙障前后产生强烈的涡动，由于相互阻碍和涡动的影响，消耗了风速动能，减弱了气流载沙能力，于是在沙障前后形成沙粒的堆积。

（5）隐蔽式沙障。该沙障是埋在沙层中的立式沙障，障顶与沙面齐平或稍高于沙面，因此对地上部分的风沙径流影响不大，而它的主要作用是制止地表沙粒以沙纹式移动。隐蔽式沙障起到一个控制风蚀基准面的作用。设置沙障后沙粒仍在动，但总的地形并不发生变化。因为有隐蔽式沙障的存在，虽有一定的风蚀，但风蚀到一定程度后即不再往下风蚀，保持着一定的水平，故而不会使地形发生变化。

二、化学治沙

化学治沙措施是指利用化学材料及工艺，采用喷洒等技术，对易发沙害的沙丘或沙质地表建造一层能抵御风蚀和保水的固结层，阻断沙源向风沙流供沙，达到固沙治沙以及提高沙地生产力的目的。

化学固沙成本较高，喷洒工艺复杂，目前很难大面积采用。但化学固沙见效快，一般用于风沙危害造成较大损失的地区。如机场、交通线、军事设施和重要工矿区等，并常与植物治沙配合，作为辅助性和过渡性措施。

常用的化学治沙材料主要有沥青乳液、沥青化合物、油漆胶乳等材料。这些物质喷洒后，能够形成极薄的封闭层，或者增加沙粒间的相互作用，使沙粒能很好黏结形成固结层，限制沙粒的运动，起到治沙作用。

三、风力治沙

风力治沙是以风的动力为基础，人为干扰控制风沙的蚀积搬运，因势利导，变害为利的一种治沙方法，亦称风力拉沙。其特点是以输为主，应用空气动力学原理，采用各种措施，降低粗糙度，使风力变强，减少沙量，使风沙流非饱和，造成地表风蚀，将沙粒移出或移至设计区域。实践证明，该方法治沙效果较好。

（一）渠道防沙

1. 渠道防沙的基本要求

渠道防沙的要求是在渠道内不造成积沙，这就必须保证风沙流通过渠道时成为不饱和气流。即渠道的宽度必须小于饱和路径长度，或者采取措施，从气流中取走沙量，使过渠气流成为非饱和气流。渠道是具有弧形或接近弧形的剖面形状，容易产生上升力，所以具有非堆积搬运的条件。要使渠道本身更好地输沙，必须使渠的深度和宽度在一定的范围内，合理地确定宽深比，才有利于渠道的非堆积搬运。

2. 防沙堤和护道

在渠道迎风面上，距岸一定距离筑一道1m的堤，即防沙堤。由于防沙堤的作用，沙粒沉积，风沙流成为不饱和气流，在通过渠道时，沙粒不会沉积，并可能带走渠道内的沙粒。堤到渠边的距离，称为护道。该距离一般根据试验确定，原则上应使渠道处于饱和路径的起点。

在我国沙区，为了防止渠道积沙，往往采用设置地埂的方法治沙。即在田中隔一定距离设一定高度的地埂，增加地表粗糙度，使地面均匀积沙，不形成沙丘。既可以掺沙改土、保墒压盐，又可以造成非饱和气流，使风沙流处于非堆积搬运状态。再加上护渠林营造合理，就可以有效地控制风沙流，防止渠道积沙。

（二）拉沙修渠筑堤

利用风力修渠筑堤，是设置高立式紧密沙障，降低风速，促进沙粒沉积在沙障附近。

当沙障被埋一部分后，通过加高沙障，使得沙粒沉积高度增加，直至达到设计渠顶高度。

沙障位置需要根据渠道中心线确定。先修下风一侧，达到或接近渠顶设计高度后，再修上风一侧，形成的沙粒堆积，需要进行防渗处理，再作为渠堤使用。

沙障距中心线的距离一般可按下式计算：

$$I = \frac{1}{2}(b+a) + mh \qquad (2-5-1)$$

式中　I ——沙障距渠道中心线的距离，m；

　　　b ——渠堤底宽，m；

　　　a ——渠堤顶宽，m；

　　　m ——边坡系数（沙区一般为 1.5～2）；

　　　h ——渠堤高度，m。

（三）拉沙改土

拉沙改土是利用风力拉平沙丘，使沙粒在丘间低地沉积。对于地势较高的沙丘，拉沙是以沙粒输出为目的，而对于丘间低地，是以积沙为目的。通过风力拉沙，风沙地得以平整，低洼处的黏土得以掺沙改良，黏质土壤掺沙改土不仅改变土壤机械组成，而且可以改善土壤水分和通气条件，对抑制土壤盐渍化也有作用。

四、水力治沙

水力治沙是以水为动力，按照需要使沙子进行输移，消除沙害，改造利用沙地、沙漠的一种方法。是以引水拉沙，修渠灌溉等一系列水利技术措施为手段，并结合其他工程和生物措施，达到增加沙地水分，改变沙地的地形，改良土壤，改善沙区小气候，促进沙地综合利用的目的。

水力治沙的基本原理是运用水土流失的基本规律，以水力为动力，通过人为的控制影响流速的坡度、坡长、流量及地面粗糙度的各项因子，使水流大量集中，形成股流，产生沟谷侵蚀，通过沟底下切和沟坡坍塌，上游的沙粒被输移到下游平坦及低洼地上，流速降低后沉积下来。

水力治沙的前提是沙害区具有大量的水资源，而这在我国并不常见，故其应用受到限制。水利治沙的主要形式有引水拉沙修渠、引水拉沙造田、引水拉沙筑坝等形式。

（一）引水拉沙修渠

拉沙修渠是利用沙区河流、海水、水库等水源，自流引水或机械抽水，按规划的路线，引水开渠，以水冲沙，边引水边开渠，逐步疏通和延伸引水渠道。

首先在连接水源的地方，开挖冲沙壕，引水入壕，将冲沙壕经过的沙丘拉低，而在沙湾淤积填高，变成平台，再引水拉沙开渠或人工开挖渠道。在经过大的沙丘、沙梁时，可采用水泵直接在沙梁顶部冲沙开渠。

沙区渠道渗漏较强，修成之后，须做好防风、防渗、防冲、防淤等防护措施才能使用。

（二）引水拉沙造田

引水拉沙造田是利用水的冲力，产生水力侵蚀，把起伏不平、不断移动的沙丘，改变为地面平坦、风蚀较轻的固定农田。

引水拉沙造田的田间工程包括引水水渠、蓄水池、冲沙壕、围埝、排水口等，如图2-5-1所示，这些田间工程的布设，既要便于造田施工、节约劳力，又要使造出的农田布局合理。引水渠上接水源，下接蓄水池。造田前引水拉沙，造田后大多成为固定性灌溉渠道。若从水源直接抽水造田，可不挖或少挖引水渠。

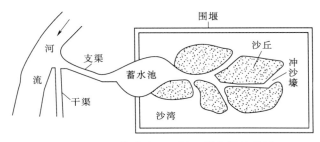

图2-5-1 拉沙造田田间工程布设示意图

蓄水池是临时性的储水设施，利用沙湾或人工筑埝蓄水，主要起抬高水位、积蓄水量、小聚大放的作用。蓄水池下连冲沙壕，凭借水的压力和冲力，冲移沙丘平地造田。在水量充足压力较大时，可直接开渠或抽水拉沙，可不修蓄水池。

冲沙壕挖在拟拉平的沙丘上，通过水力侵蚀拉平沙丘，填淤洼地造田块。冲沙壕纵坡要大，以获得足够流速，提高侵蚀效果。冲沙壕一般底宽0.3～0.6m。放水后逐渐扩大。由于侵沟蚀的坍塌，两边沙丘逐渐冲刷入壕，沙子被流水夹带到低洼的沙湾，削高填低，直至沙丘被拉平。

围埝用于拦截冲沙壕拉下来的泥沙和排出余水，使沙湾地淤填抬高，与被冲拉的地段相平。围埝用沙或土培筑而成，造田后变成农田地埝，设计时应按田块规划修筑成矩形。

（三）引水拉沙筑坝

引水拉沙筑坝是通过自流引水或机械抽水，利用水力冲击沙土，形成砂浆输入坝面，经过脱水固结、逐层淤填，形成均质坝体。用这种方法进行筑坝建库，称为引水拉沙筑坝，俗称水坠筑坝。

第六节 植 物 工 程

这里指的植物工程，是指在水土流失地区为控制水土流失、保护和合理利用水土资源、改良土壤、维持和提高土地生产潜力、改善生态环境、增加经济与社会效益所采取的人工造林或飞播造林种草、封山育林育草等措施。

一、植物对水土保持的作用

植被本身具有透风性，其稀疏、通风和紧密结构可有效降低风速及能量，减少风对土壤造成的侵蚀，降低水土流失，可有效防止风蚀，具有明显的水土保持效益。第一，植被冠幅及枯枝落叶层能够减少雨滴溅蚀以及拦截部分降水量，减少地表径流量，防止地表土壤被侵蚀。第二，植被能使土壤具有良好的结构和提高土壤孔隙度以及较高的水分渗透性，以此减少地表径流及其流速。第三，森林枯枝落叶层起到过滤泥沙和海绵的作用。通过对地表径流的滞缓、过滤和分散作用，阻止土壤颗粒的流失，防止地表径流冲刷性侵蚀作用，以防止各种面蚀及沟蚀的进一步发展。第四，森林植物的根系，在土中像网状般交织，固结土壤，防止坡面侵蚀的形成，加固斜坡和固定陡坡，极大地增强了土壤的抗蚀强度，减少滑坡、泥石流和山洪的发生。

二、植物护坡

对于一切稳定和非稳定的人工边坡及自然裸露边坡，都应在工程防护的基础上，尽可能创造条件恢复植被，这不仅能控制水土流失，维护坡面稳定，保养护坡工程，而且对生态环境改善具有较大意义。但植物护坡有一定的局限性，对于坡度较陡（＞50°）的边坡，必须与工程措施相结合。

植物护坡重点应对边坡所处的地理位置、坡向、坡高、坡比、土质、土层厚度、气候及水文等情况进行详细调查，分析论证各项特征值、评价和划分立地条件类型。选择适宜的植物种，并对草种、树种的混交方式、栽植密度等进行分析论证，提出结论性建议，比选和确定设计方案。这里，立地条件是指待恢复和重建植被场所所有与植被生长发育有关的环境因子的综合。包括气候条件、地形条件和地表组成物质的性质。

（一）草皮护坡

对坡度小于 1.0∶1.5 的土层较薄的沙质或土质坡面，可种草护坡，有效防止面蚀和细沟状侵蚀。

（1）种草护坡宜选用生长快、耐旱、耐瘠薄、抗高温、根系发达、固土作用大的草种。

（2）护坡种草应根据不同的坡面情况，不同的草种采用不同的种植方法，一般有植苗法和播种法两种，植苗法可采用穴植法、沟植法，苗木可采用裸根苗或带坨苗；播种法可采用穴播、沟播、水力播种等方法。风沙区应先设沙障，固定流沙，再播种草籽。

（3）公路、铁路及城市、工矿区人口聚集地的边坡，可栽植草皮，方法是平铺坡面、水平叠置或垂直叠置。

（4）草易退化，大部分草种寿命为 5～6 年。为了防止退化，应尽可能采用多草种混播。种草后 1～2 年内，应进行必要的封禁和抚育管理。

（二）造林护坡

边坡坡度在 10°～20°之间，南方坡面土层厚 15cm 以上，北方坡面土层厚 40cm 以上，立地条件较好的地方，采用造林护坡。北方黄土高原地区，根据具体情况，也可在更陡的坡面上造林，但必须与削坡开级结合，做好整地工作。合理配置的护坡林对防止浅层块体运动有一定效果。

（1）护坡造林采用深根性与浅根性相结合的乔灌木混交方式，并选用适应当地条件的、速生的、固土功能强的、耐旱、耐瘠薄的乔木和灌木树种。

（2）在立地条件较差的地方，应合理配置，做到乔、灌结合或灌、草结合。

（3）采用植苗造林时，选择优质苗木栽植，在立地条件极差的地方，应采用带土坨苗栽植，并适当密植。

（4）高陡边坡也可采用藤本攀缘植物，以达到绿化覆盖坡面的目的。

第七节 农 业 工 程

农业是我国国民经济的基础，是我们赖以生存的物质基础，农业的兴荣关系到每个人的切身利益。

农地水土保持的目的是确保地力长久不衰，为土壤蓄存水分，供作物利用；改进坡地农业经营环境，使农业体系更健全。

农地水土保持并不仅仅是对土壤冲蚀的控制，也不是指某一种单独的处理，也决非消极的保持水土而已，它是在水土保持规划的基础上，按每一块土地的可利用限度去利用，按照每一块土地的需要去实施土地以及经营作业上所需要的适当的水土保持，直到获得农业最高和永续的生产目标。因为每一块土地都有其利用的限度，按照限度去利用，即所谓合理或明智的土地利用，是农地水土保持的基础。农地水土保持措施各有其不同的功效，按需要去实施，且往往是在同一块土地上实施若干现种措施，同时或连续进行。所谓需要系指土地及其有关条件，在某种耕作管理方式下，各因素组合所产生对处理的需要程度。而处理则指将土壤冲蚀控制到可容许范围以内，当然无须或不可能完全控制至零。由于处理项目繁多，有关处理及其不同组合，变化甚大而集约程度不一，产生效能自然各异。

概括地说，农地水土保持是在有水土流失危害的农耕地上，通过实施农地水土保持技术措施，防治水土流失和养分消耗等土壤退化现象的发生，并且合理、高效地利用有限的农业自然资源（包括光、热、水、肥、气），确保土地生产力经久不衰，获得高效、丰富和永续的生产。简单地说，农地水土保持的任务就是蓄水、保土、保肥，并使之充分利用的一种综合的农业技术。一方面利用土地而得到更有利的生产；一方面给土地做必需的适当处理，来保持它生产力的经久不衰，让我们和我们的后代，都可以靠它生存。

一、农地水土保持的范围与防治措施

（一）范围

农地水土保持的范围是：农地的合理利用；土壤冲蚀的防治；保护土壤不发生劣化现象；重建或恢复冲蚀了的土壤；为农地保蓄水分；充分利用有限的农业自然资源；节水灌溉与适当排水；增进土壤肥力等。

1. 农地的合理利用

在水土保持规划的基础上，依照农地的可利用限度去经营。一则避免土地超限度利用，导致土壤耗损、地力衰退，二则避免土地利用不足，致使土地的生产潜力不能充分发挥。

2. 土壤冲蚀的防止

在坡地或强风地带耕作，风吹雨打会使土壤发生风蚀或水蚀，如何运用各种处理方法去防止水蚀和风蚀，做到保水、保土就是农地水土保持的中心项目。

3. 土壤退化的防治

土壤退化的形式包括表层土壤流失而引起的养分流失；风蚀地表，吹走土壤细粒和土壤养分；土壤肥力降低；土壤次生盐渍化；土壤酸化；土壤污染。农地的土壤退化是由于在一种或一组因素的作用下雨育耕地、灌溉耕地的可再生资源潜在生产力降低或丧失，因此，保持土壤的结构和肥力，给土壤留蓄更多的水分，确保土壤生产力不衰退低落，也是农地水土保持的主要项目之一。

4. 改良土壤结构

良好的土壤结构，可促进水分渗透量，间接增强土壤抗蚀力；并可维护土壤肥分。

5. 控制地表径流与防洪

坡地最好的水土保持措施之一，是尽量使雨水渗透到土壤中，渗入土壤的雨水越多，地表径流量越少，土壤冲蚀的流失量越少；洪峰水量也越少，洪水灾害减轻，甚至可以避免。但是土层很薄的陡坡地，渗入土壤的水分会在土层和基岩之间形成潜流，引起土层下滑，甚至会引发崩塌。渗入土壤中的水越多，土层向下滑动的可能性也越大。必须建立地表安全排水系统，使地面径流迅速而安全地流入低洼地区。

6. 灌溉与排水

有些地区地表水太多，或地下水位过高，则必须设置良好的排水系统，以确保水土保持的效果和长期维护土地生产力。天然降水不足供应作物需要或长期干旱的地区，因缺水而影响作物生长时，就需要灌溉，但需讲求合理的保育灌溉方法，勿使灌溉水引起冲蚀，导致土壤中的养分流失，或引起积水等。

在没有灌溉条件的地区，要注重提高天然降水的利用效率。

7. 注重改善生态环境和提高农业生产的紧密结合

农地水土保持的中心问题是水土流失和农业增产必须同步加以解决。根据国内外成功的经验，要做好农地水土保持工作必须重视研究改善生态环境和提高作物产量的结合点，采取使两者同时受益的关键措施。在水土流失区，以平整土地为主要内容的农田基本建设可以作为同步解决水土流失和提高产量的关键措施之一，但这还不够，因为这仅仅解决了一个基本生产条件的改善，达到了基本保水保土的目的，而实现增产还必须采取充分利用降水和提高水分利用效率的措施。据此，"防止水土流失和充分利用降水等自然资源"的概念的确立有利于解决水土保持与农业生产相结合的问题，只有做到了农地上的水、土、肥不流失而且得以高效利用，农地水土保持工作才能算做好。

（二）措施

1. 水蚀及其防治

土壤水蚀开始由雨滴溅击地表，破坏土壤结构，降低入渗速度和入渗量，继而地面或田面形成径流，由坡面层流汇成股流，使土壤受到冲刷、运移和异地沉积。

土壤冲蚀的发生，必须经过两个阶段：①土粒的分离和分散；②已分散土粒被搬移，离开原来的位置。所以，防治土壤冲蚀最好的办法，是在第一阶段，土壤被分散以前，就先注意防止，也就是让土地时常在覆盖保护良好的状态下。

在影响土壤水蚀作用的因素中，以地面覆盖和人为活动（耕种）影响最大。其他如降雨情况，是无法用人为方法改变的，而地形与土壤性质，很难改变，虽可设法减低坡度与坡长，或改良土壤性质，增加抗蚀力，但是需要付出相当代价。所以应该以降雨、地形和土壤情况去调整人为活动，以控制土壤冲蚀至最低程度。

例如，在太陡的坡地或土粒很容易分散的地区，最好不要用来耕作，在较缓坡地和土壤抗蚀性较强的地区，也应尽量维持较多的覆盖面积，避免在雨季内翻动土壤，并且要分散径流，减低径流速度，拦阻径流所挟带的泥沙等。

要达到上述目标的方法很多，如种植覆盖作物、实行等高耕作、设置山边沟和建筑各型拦沙坝等。

2. 风蚀及其防治

风蚀与农业生产密切相关。农地的风蚀有两类：一是沙压沃土、耕地沙化，二是风剥表土，露出砂性底土或母质。二者结果都能造成大幅度减产，严重的达到绝产弃耕。

风蚀可分为悬移、推移、跃移、磨移等几种形式。发生风蚀的主要因素是强风于干燥季节发生，如果能降低风速，或在强风季节使地表保持滋润，增强抗风能力，则可减少风蚀作用。防治风蚀的基本原则：一是降低风力；二是提高土壤抗风能力。具体要求可归纳为4个方面：①建立和维护良好的植被和植物残留物；②增加土壤表层的抗蚀团聚物或土块；③减少沿风蚀方向耕地的宽度；④创造粗糙的土地表面。防治措施以生物措施为主，辅以农业技术措施与工程措施，以求综合防治效果。

3. 盐渍化及其防治

土地盐化和碱化以及由灌溉引起的次生盐渍化，是农作物正常生长和农业发展的一个重要限制因素。盐渍土是指土壤中所含的盐类在中性或微酸性条件下因盐的解离积累所形成的土壤。它属于一定自然环境的产物，土壤盐渍化的自然要素主要是干旱的自然条件和封闭沉降性的水文地质盆地，这是造成区域性积盐和土壤盐渍化的根本原因。过高的地下水位是地下水和土体中的盐分不断向土壤表层累积的决定因素，所以盐渍地的形成，是一个长期自然的历史发展过程。

旱农范围内的内陆盐土比较突出的共同特征是：一为土壤耕层中，盐分含量有明显的季节性变化。降水少、蒸发量大的旱季是土壤耕层返盐、积盐最强烈时段，特别是4—6月。雨季来临之时，土壤中盐分被雨水淋洗而向下移动，耕层盐分显著减少。二为土壤剖面中，盐分分布的状况是上多下少，土壤剖面含盐量分布图像"T"字形或成"蘑菇"形（图2-7-1）。原因是"盐随水来、水随气散、气散盐存"，于是盐分便积聚到地表或耕层中。日积月累，土壤上层盐分会明显多于下层。

土壤盐渍化防治途径主要有三：一是排除土壤中过多的盐分；二是调节团盐分在剖面中的分布；三是防止盐分在土壤中的重新积累。

4. 土壤污染及其防治

随着人类社会发展的不断丰富和演变，随着工业发展和大城市的兴起，环境污染问题势必日益严重。工矿和机动车辆排放的废气污染着大气；工矿废水和城镇污水污染着水

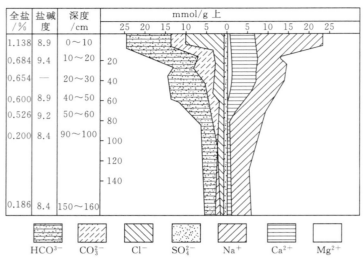

全盐/%	盐碱度	深度/cm
1.138	8.9	0～10
0.684	9.4	10～20
0.654	—	20～30
0.600	8.9	40～50
0.526	9.2	50～60
0.200	8.4	90～100
0.186	8.4	150～160

图 2-7-1　土壤质地与土壤盐分积累的关系

质；通过水和大气的污染，土壤也被污染了，在土壤中这些有害物质的累积量有时达到对土壤生物和农作物致害的程度，从而破坏了土壤内部以及土壤和其他生态系统之间的生态平衡。

土壤污染的危害，一是使土壤质量下降；二是影响农作物生长发育；三是影响农作物产品质量；四是土壤污染直接会影响到农业生态，导致环境失调。土壤污染最突出的特点是污染容易治理难，因此防治土壤污染必须"以防为主"，防治结合。其防治的重点是减少由农药、化肥、污灌水和固体废弃物等带给土地的有毒物质的数量，减少毒素的再循环。具体防治措施有：控制和切断污染源、综合措施治理污染（例如生物防治；增加土壤容纳量和提高土壤净化能力、改变耕作、轮作、施肥等制度治理污染；施用抑制剂，利用蚯蚓富集和处理重金属污染）。

5. 干旱及其防治

干旱是一种自然现象，是我们常见的对农业生产危害最大的农业气象灾害之一，是世界性问题。它包括大气干旱和土壤干旱。这两种干旱既有联系，又有区别。通常我们说的干旱一般指土壤干旱。

无论是大气干旱还是土壤干旱都会因水分失调而造成叶片卷缩，茎叶萎黄。这就是作物干旱。轻者凋萎，重则枯死。如果二者同时发生，受害更为严重，甚至颗粒无收。可见，农作物是否受旱和受旱程度也是多种因素综合作用的结果。这些因素有降水量、蒸发量、土壤有效水分含量、作物需水量和需水关键时期、耕作措施、灌溉条件、栽培管理水平、不同旱期、不同作物、品种以及同一作物的不同生长期等。由于干旱和作物受害的程度是多方面因素造成的，这就决定了抗御干旱的措施不是单一的、局部的，必然是综合的、多方面的。应以治本为主，既治本，又治标，密切配合，综合治理，方能发挥最大限度的抗旱增产效益，达到抗旱夺丰收的目的。

抵御干旱可以通过下列措施：①综合治理，改土蓄水（即因地制宜搞好以改土蓄水为中心的农田基本建设，从根本上改变生产条件，实行山、水、田、林、路全面规划，综合治理，建设成高产稳产、旱涝保收的基本农田，这是抗御干旱的根本途径。）；②开源节流，引水灌溉；③精耕细作，蓄水保墒是旱区夺取高产稳产的重要传统措施（主要是通过耕、耙、耱、镇压、中耕等综合耕作措施和水分管理技术达到"有雨蓄水，无雨保墒，春墒秋保，春旱秋抗"的目的。）；④利用新科技（例如培养高产抗旱品种等）。

二、农地水土保持遵循的原则

（一）坚持可持续发展原则

农业是中国国民经济的基础，农业的可持续发展，是中国实现可持续发展的根本保证和优先领域。

（二）遵守"水-土-作物-大气"相互作用规律

一切有效的农地水土保持措施，必须和提高土壤下渗水分能力和保蓄水分能力的技术环节紧密结合，才能最大限度地防止侵蚀和淤积，经济而有效地利用水源。以保证土层各部分的含水量和温度长期处于稳、匀、足、适的状态，才能保证作物生长正常，稳产高产。

（三）遵循生态效益、社会效益、经济效益相统一的原则

农地水土保持工作必须站在生态与经济两大战略高度，把生态环境建设与经济开发巧妙地结合起来，积极探索生态上依靠自我维持、经济上富有弹性和活力、物质和能量良性循环的生态经济道路，创造良好的生态环境、经济环境和生存环境。

第三章　水土保持方案编制及案例分析

第一节　水土保持方案编制

《中华人民共和国水土保持法》第二十五条规定：在山区、丘陵区、风沙区以及水土保持规划确定的容易发生水土流失的其他区域开办可能造成水土流失的生产建设项目，生产建设单位应当编制水土保持方案，报县级以上人民政府水行政主管部门审批，并按照经批准的水土保持方案，采取水土流失预防和治理措施。没有能力编制水土保持方案的，应当委托具备相应技术条件的机构编制。水土保持方案应当包括水土流失预防和治理的范围、目标、措施和投资等内容。水土保持方案经批准后，生产建设项目的地点、规模发生重大变化的，应当补充或者修改水土保持方案并报原审批机关批准。水土保持方案实施过程中，水土保持措施需要作出重大变更的，应当经原审批机关批准。

第二十六条规定：依法应当编制水土保持方案的生产建设项目，生产建设单位未编制水土保持方案或者水土保持方案未经水行政主管部门批准的，生产建设项目不得开工建设。

为贯彻落实《中华人民共和国水土保持法》，1995 年水利部第 5 号令发布了《开发建设项目水土保持方案编报审批管理规定》，2005 年水利部第 24 号令进行了修订，规定要求凡从事有可能造成水土流失的生产建设单位和个人，必须在项目可行性研究阶段编报水土保持方案。

一、生产建设项目水土流失的特点及编制水土保持方案的意义

（一）生产建设项目水土流失特点

生产建设项目水土流失是人为水土流失的一种，它既有自然水土流失的普遍特性，也有其自身的特点。

1. 与人类的不合理活动有关

生产建设活动自从人类在地球上诞生以后就出现了。人类为了自身生存生活的需要，不断地认识自然，改造自然，从事各种资源开发和生产建设活动。人类在发展基础设施建设（例如修筑公路、铁路、水利工程），开采矿产资源，兴办各类企业的过程中，大面积扰动地面，破坏植被和表层土壤，随意倾倒弃土弃渣，造成了严重的水土流失，加剧了水旱风沙等灾害。生产建设项目水土流失的强度、范围与人类活动的强度、范围密切相关。

2. 具有地域的不完整性

生产建设项目占用的区域一般都不是完整的一条小流域，水土流失通常以"点""线""面"单一或综合的形式出现。以"点"为主的生产建设项目，造成的水土流失的特点是影响区域范围相对较小，但破坏强度大；以"线"为主的生产建设项目造成的水土流失的特点是类型多，流失严重，规模大、综合性强的项目；以"面"的形式表现出来，所造成的水土流失在结构上以"点""线""面"组合而成。

3. 水土流失形成过程涵盖形式

水土流失形成过程涵盖渐进式和突发式两种。生产建设项目水土流失的因素十分复杂，既有自然因素的影响也有人为因素的影响，多种因素叠加，加剧了水土流失。通常，在人类的干扰下，项目的水土流失不会像自然水土流失那样总是保持时间上的渐变性和空间上的均衡性，而是集中发生在某一时段或主要发生在某一区域。在短时间内造成局部区域水土流失总量和强度的剧增。

4. 水土流失危害更大

人类对土地的利用，特别是对水土资源的不合理的开发和经营，使土壤的覆盖物遭到破坏，裸露的土壤受水力冲蚀，流失量大于母质层发育成土壤的量。水土流失造成土壤肥力下降，水、旱灾害频发，河道淤塞，河流资源难以开发利用，地下水位下降，农田、道路和建筑物被破坏，并引起生态平衡遭到破坏。

（二）编制水土保持方案的意义

1. 落实法律规定的水土流失防治义务

依据"谁开发，谁保护，谁造成水土流失，谁治理"的原则，对在生产建设过程中造成的水土流失，必须采取措施进行治理，编制水土保持方案就是落实有关法律法规，使法定义务落到实处。

2. 将水土保持纳入生产建设项目的总体规划中

在建设项目可行性研究阶段编制水土保持方案，有利于在下一阶段将水土流失防治方案纳入总体规划中，与主体工程"同时设计、同时施工、同时投产使用"。使水土流失得以及时有效控制，水土保持方案有计划、有组织的实施，防治经费有了法定来源。

3. 有利于水土保持执法部门实施监督

有了相应设计深度的水土保持方案，使水土保持工程有设计、有图纸、便于实施，也便于水行政主管部门进行检查和监督。

二、生产建设项目水土保持方案编制的主要内容

（一）综合说明

这一章节编写的内容是为了方便各界人士了解水土保持方案的大致情况，适应各级部门评估、审批、贯彻落实、检查验收的要求。本节为方案编制内容的浓缩，是画龙点睛之笔，宜简练，其基本包含了正文中所有的章节内容。

（二）方案编制总则

方案编制总则包括方案编制的目的与意义、编制依据、水土流失防治标准、指导思想和编制原则、编制阶段和方案设计水平年。

（三）项目概况

应依据主体工程设计文件，突出与水土保持相关的内容。

（四）项目区概况

项目区概况指建设项目所涉及的行政区域，点式工程以乡（县）为单位确定，线型工程以县（地市）为单位确定。项目区概况介绍应满足分区、水土流失预测与水土保持措施设计的需要，根据不同项目特点按照自然环境、社会经济概况、水土流失及水土保持现状

进行描述。

（五）主体工程水土保持分析与评价

主要关注主体工程的选址（选线）、取料场和弃渣场的选址、主体工程的施工组织设计、主体工程的施工、工程管理以及线性工程和点式工程是否涉及规范规定的一些限制性规定，若工程项目中有与限制性规定不符的，则需要修改主体设计或者否定主体设计。

（六）水土流失防治责任范围及防治分区

水土流失防治责任范围由项目建设区和直接影响区组成，根据工程的资料，通过现场查勘确定。水土流失防治分区应在确定防治责任范围的基础上划分，并应遵循：①各区之间具有显著差异性；②相同分区内造成的水土流失的主导因子相近或者相似；③一级分区应具有控制性、整体性、全局性；④二级及其以下防治区应结合工程布局、施工扰动特点、建设时序等划分。

（七）水土流失预测

水土流失预测的基础是在工程建设扰动地表，且不采取水土保持措施等最不利情况下，预测可能造成的土壤流失量及其危害。

（八）水土流失防治目标及防治措施布设

扰动土地整治率、水土流失治理度、土壤流失控制比、拦渣率、林草植被恢复率、林草覆盖率等指标需要达到现行国家标准《开发建设项目水土流失防治标准》（GB 50434—2008）的要求。防治措施要起到使项目建设区的原有的水土流失得到基本治理，新增水土流失得到有效控制，生态得到最大限度保护，环境得到明显改善的作用。

（九）水土保持监测

根据《水土保持监测技术规程》（SL 277—2002）的要求，明确监测的项目、位置、内容、方法、时段和频次，估算所需要的人工设施、设备和物耗；列出监测内容、方法、点位和频次的监测计划表及监测设施、设备及耗材表。

（十）水土保持投资估算和效益分析

水土保持投资估算和效益分析包括投资估算和效益分析两块内容，主要关注投资是否满足水土流失防治工作需要，效益分析结论是否可靠，六项防治目标计算是否正确，是否达到设计目标要求。

（十一）方案实施的保障措施

方案实施保障措施应从组织机构与管理、后续设计、工程施工、水土保持监测、水土保持监理、水土保持验收、资金来源及使用管理等方面提出具体要求，应满足《水土保持法》及相关规定。

（十二）结论和建议

结论方面需要明确主题工程方案比选的结论性意见、主体工程设计和改扩建项目的现有工程水土保持评价，有无限制性水土保持制约因素，并明确项目的可行性。建议方面主要是下阶段应重点研究的内容和设计建议。

三、生产建设项目水土保持方案编制要点

要想编好一个水土保持方案，首先要做到以下 3 点：一是严格遵守现行法律法规、国家产业政策和水利部有关规定。二是严格执行《开发建设项目水土保持技术规范》（GB 50433—2008）、《开发建设项目水土流失防治标准》（GB 50434—2008）和相关行业技术标准。三是贯彻国家新政策，鼓励采用新技术、新材料、新工艺。

具体要点说明如下：

（一）综合说明

综合说明的要点就是需要高度概括、简明扼要地反映方案的主要内容，具体如下：

（1）项目概况。包括：①项目建设的必要性：应明确项目建设的必要性及与相关规划的符合性；②项目基本情况：应明确项目位置，建设性质，规模与等级，项目组成，占地面积，土石方挖方（含表土剥离量）、填方（含表土回覆量）、借方、弃方和表土剩余量，建设生产类项目还应说明年排放灰渣量、矸石量、排土量、尾矿量等，取土场和弃渣场数量，拆迁（移民）安置，专项设施改（迁）建，开工与完工时间，总工期，总投资与土建投资，项目法人等；③项目前期工作及方案编制情况：应明确主体工程设计单位、设计阶段、设计文件审查及审批情况，前期工作相关文件取得情况，简要说明水土保持方案编制过程。

（2）项目区概况。应说明项目区地形地貌、气候类型及主要气象要素、主要土壤、植被类型与林草覆盖率、在全国土壤侵蚀类型区划中所处的类型区名称（至少到二级类型区）、水土流失类型与强度、容许土壤流失量、涉及的水土流失重点防治区名称。

（3）防治标准及目标值。应明确方案执行的水土流失防治标准等级和目标值。

（4）主体工程水土保持分析评价结论。应明确主体工程选址（线）水土保持制约性因素分析评价结论、方案比选的分析评价结论、推荐方案的水土保持分析与评价结论〔包括工程占地、土石方平衡、弃渣（土、石）场和取土（石、料）场设置、施工方法等〕，明确对主体工程设计的要求。

（5）水土流失防治责任范围。应明确防治责任范围，包括项目建设区和直接影响区面积。

（6）水土流失预测结果。应明确扰动地表面积，损坏水土保持设施数量（包括治理成果），弃渣量，可能产生的水土流失总量，新增水土流失量及产生水土流失的重点时段和部位；简述水土流失主要危害。

（7）水土流失防治分区与措施总体布局。应明确水土流失防治分区，分区概述防治措施布设、主要工程量。

（8）水土保持监测。应说明监测内容、监测时段、监测方法和定位监测点布设情况。

（9）水土保持投资估算及效益分析。应说明水土保持总投资，工程、植物、临时措施费，独立费及其中的水土保持监理费、水土保持监测费，水土保持补偿费。跨省项目应分省明确措施费和补偿费。应明确方案实施后设计水平年防治指标的可能实现情况和可治理水土流失面积、整治扰动土地面积、林草植被建设面积、减少水土流失量。

（10）结论与建议。从水土保持角度明确项目建设是否可行，简述对下阶段工作的建议。

（二）编制总则

（1）编制总则应分方案编制的目的与意义、编制依据、水土流失防治的执行标准、指导思想和编制原则、编制阶段和方案设计水平年几个部分编写。

（2）方案编制阶段应同主体工程设计阶段相一致，补报方案应根据主体工程设计阶段的资料和工程实际编制。

（3）建设类项目设计水平年应为主体工程完工后的当年或后一年；建设生产类项目应为主体工程完工后，投入生产之年或后一年。方案服务期从施工准备期开始计算，建设类项目方案服务期至设计水平年，建设生产类项目应结合首采区、排矸场、初期灰场等开采或使用年限确定，原则上不超过 8 年。

（三）项目概况

（1）项目概况应分项目基本情况、项目组成及布置、施工组织、工程占地、土石方及其平衡情况、工程投资、进度安排、拆迁安置与专项设施改（迁）建八个部分编写。

（2）地理位置应明确项目在行政区划中所处的位置。点型工程介绍到乡级，线型工程应说明起点、走向、途经县级名称、主要控制点和终点。

（3）项目有依托关系的，应加以说明。依托其他项目弃渣、取土的，应附意向书。应说明依托工程的水土保持方案报批情况，未报批水土保持方案的，评审时应提出编报的要求。

（4）火电、采矿、冶炼、化工等用水量和排水量大的项目还应介绍水量平衡情况。

（5）水土保持评价中对工程占地、土石方量、弃渣场、取土场等有增减的，应说明增减情况。

（6）表土的剥离、回覆应单独平衡，并应分别计入挖方量、填方量。本项目剩余表土不作为工程弃方，应设置专门堆放场地保存，并布设防护措施，提出利用方向。

（7）拆迁（移民）安置、专项设施改（迁）建应说明内容、规模和实施单位。

（四）项目区概况

1. 自然条件

（1）地质。简述项目区地质构造、岩性、地震烈度等；说明工程占地范围内地下水埋深、不良工程地质情况（含崩塌、滑坡危险区和泥石流易发区等）。

（2）地貌。简述项目区地形特征和地貌类型，说明工程占地范围内地面坡度、高程和地表物质组成等情况。

（3）气象。简述项目区的气候类型，多年平均气温、大于等于 10℃积温、年蒸发量、年降水量、无霜期、风速与主导风向、大风日数，雨季时段，风季时段，最大冻土深度，并说明资料来源和系列长度。

（4）水文。简述项目区所处的流域，主要河流、湖泊的名称和水功能区划情况等。

（5）土壤。简述项目区土壤类型；说明占地范围内表层土壤厚度，定性说明土壤质地、土壤可蚀性等。

（6）植被。简述项目区植被类型，当地主要乡土树草种及生长情况，林草覆盖率等。

（7）其他。简述项目区是否涉及饮用水水源保护区、水功能一级区的保护区和保留区、自然保护区、世界文化和自然遗产地、风景名胜区、地质公园、森林公园、重要湿地等及其与本工程的位置关系。

2. 社会经济概况

简述项目区行政区划、人口状况、人均耕地、土地利用等情况，并说明引用资料的来源和时间。

3. 水土流失及水土保持现状

（1）水土流失现状。简述项目区水土流失现状。土壤侵蚀强度、模数应根据有关资料，结合实地调查确定。容许土壤流失量按照《土壤侵蚀分类分级标准》（SL 190—2007）和《开发建设项目水土流失防治标准》（GB 50434—2008）确定。

（2）水土保持现状。简述项目区水土保持现状。明确国家及省级水土流失重点防治区划分情况，涉及国家及省级水土流失重点治理项目的，应重点说明。同一地区同类生产建设项目水土保持经验介绍，应说明水土流失防治措施类型、设计标准，并附相应照片。

（五）主体工程水土保持分析与评价

（1）主体工程选址（线）水土保持制约性因素分析与评价内容应对照《水土保持法》《开发建设项目水土保持技术规范》（GB 50433—2008）和《水利部关于严格开发建设项目水土保持方案审查审批工作的通知》（水保〔2007〕184 号）中有关工程选址（线）水土保持的限制和约束性规定，进行分析论证。对存在制约性因素又无法避让的，应提出相应要求。重点说明以下几方面：

1）是否避让了水土流失重点预防区和重点治理区。对涉及和影响到饮水安全、防洪安全、水资源安全等的项目必须严格避让；对无法避让的重要基础设施建设、重要民生工程、国防工程等项目，应提出提高防治标准、严格控制扰动地表和植被损坏范围、减少工程占地、加强工程管理、优化施工工艺的要求。

2）是否处于水土流失严重、生态脆弱的地区。根据法律的限制性规定，当无法避让时，应参照上一条提出水土保持要求。

3）是否避开了泥石流易发区、崩塌滑坡危险区以及易引起严重水土流失和生态恶化的地区。

4）是否避开了全国水土保持监测网络中的水土保持监测站点、重点试验区，是否占用了国家确定的水土保持长期定位观测站。

5）是否处于重要江河、湖泊以及跨省（自治区、直辖市）的其他江河、湖泊的水功能一级区的保护区和保留区（可能严重影响水质的，应避让）以及水功能二级区的饮用水源区（对水质有影响的，应避让）。经过环境敏感区域的，应符合有关规定。

（2）主体工程方案比选的水土保持分析评价。从工程占地面积、扰动地表和损坏植被数量、土石方挖方量及填方量、取土（石、料）量、弃渣（土、石）量、新增水土流失量、可能造成危害大小、可恢复程度等方面，对主体工程比选方案进行分析评价，明确是否认可主体工程推荐方案。比选方案从水土保持角度明显优于推荐方案，且无其他明显制约因素的，对主体设计的推荐方案应不予认可。

（3）推荐方案的水土保持分析评价。对主体工程推荐方案从水土保持角度进行分析评价。分析评价内容应包括对工程建设方案与布局、工程占地、土石方平衡、取土（石、料）场设置、弃渣（砂、石、土、矸石、尾矿、废渣）场设置、施工方法（工艺）和具有水土保持功能工程的分析评价，在此基础上界定主体设计中的水土保持措施。

1）工程建设方案与布局评价应从以下方面进行：公路、铁路工程填高大于 20m，挖深大于 30m 的，应有桥隧比选方案。山丘区输电工程塔基应优先考虑不等高基础，经过林区的采用加高杆塔跨越方式。对无法避让水土流失重点预防区和重点治理区的项目，应优化工程方案，减少工程占地和土石方量。公路、铁路项目填高大于 8m 应优先考虑桥梁方案；管道工程穿越应优先考虑隧道、定向钻、顶管等方式；山丘区工业场地应优先考虑阶梯式布置。

2）工程占地分析评价：分析主体设计的占地情况，评价占地面积是否符合行业用地指标规定。分析给排水、供电、对外交通、工程边坡、施工生产生活区、施工道路、施工用水用电、取土（石、料）场、弃土（石、渣）场占地等是否存在漏项和满足施工要求，并进行补充完善。分析占地类型是否符合有关要求。

3）土石方平衡分析评价：应首先分析各工程区域土石方挖方、填方、借方、弃方量是否合理，对漏项和不足的应补充。按自然节点、运距等，根据施工时序情况，分析主体设计中土石方调配的可行性和合理性，提出补充完善意见。分析主体设计对工程弃土弃渣的利用情况，提出弃土弃渣的综合利用方向（本项目加大利用、邻近项目调配利用），最大限度地减少永久弃方。弃方中应将弃土和弃石（渣）分别堆放。

4）取土（石、料）场设置分析评价：按照《水土保持法》和《开发建设项目水土保持技术规范》的规定，分析评价取土（料）场设置是否存在制约性因素。重点按如下因素逐条进行分析评价：①是否位于崩塌、滑坡危险区和泥石流易发区，位于河道管理范围内的，应遵守有关规定；②是否避开城镇、景区和交通要道的可视范围。

5）弃渣（砂、石、土、矸石、尾矿、废渣）场设置分析评价要按照《水土保持法》和《开发建设项目水土保持技术规范》的规定，分析评价弃渣（砂、石、土、矸石、尾矿、废渣）场的设置是否存在制约性因素。

6）施工方法（工艺）分析评价：分析评价土石方工程、土建工程的施工方法（工艺）是否满足减少水土流失、减少扰动范围、减少裸露时间和裸露面积、先拦后弃等要求。对于本阶段主体设计中尚未涉及施工方法（工艺）相关内容的，应明确水土保持要求。

7）主体设计中具有水土保持功能工程的分析评价：应按分区，从表土剥离与保护、截（排）水与雨水利用、地面防护、弃渣拦挡、边坡防护、植被建设等方面，对主体工程设计中具有水土保持功能的措施进行分析评价，并提出补充完善意见。

8）水土保持措施界定：通过对主体设计中具有水土保持功能工程的分析评价，按《开发建设项目水土保持技术规范》中的界定原则，将以水土保持功能为主的工程界定为水土保持措施，并明确其位置、结构类型、规模，给出工程量及投资。

（4）结论性意见。应明确主体工程选址（线）水土保持制约性因素分析评价结论、主体工程方案比选的水土保持分析评价结论、主体工程推荐方案的水土保持分析评价结论。必要时，应提出主体工程设计在下阶段需完善和深入研究的问题。

（六）水土流失防治责任范围及防治分区

（1）防治责任范围。项目建设区和直接影响区的范围应根据工程设计资料，通过现场查勘确定。还应注意应分县级行政区域列表说明防治责任范围、填海造地面积计入项目建设区；占用海域但不形成陆域的面积不计入防治责任范围、风沙区为了维护本工程安全进行的治沙措施占地，可作为特殊用地计入防治责任范围。

（2）防治分区。线型工程可按土壤侵蚀类型区、地形地貌或气候带划分一级区，按项目组成和工程特点划分二级区、三级区。直接影响区一般不单独划分防治区，归入相应的建设区，但井采矿的采空沉陷区等，应单独划分防治区。

（七）水土流失预测

（1）扰动地表、损坏水土保持设施预测。应按防治分区，通过查阅资料和实地调查，预测扰动地表面积、损坏水土保持设施数量（包括治理成果）。

（2）弃渣（砂、石、土、矸石、尾矿、废渣）量预测应分建设期和生产期预测弃渣（砂、石、土、矸石、尾矿、废渣）量，明确存放位置，复核存放场地容量。

（3）水土流失量预测。应按防治分区，采用查阅资料和实地调查相结合的方法，按《开发建设项目水土保持技术规范》（GB 50433—2008）要求，明确预测时段（包括施工准备期、施工期和自然恢复期）、预测单元，按模型法（调查法或类比法）确定扰动后土壤侵蚀模数，预测水土流失总量和新增水土流失量。

施工准备期和施工期可合并为一个时段进行预测，从各预测单元施工扰动地表开始到施工结束；自然恢复期一般取1～3年。

（4）水土流失危害分析应针对工程实际，分析对当地水土资源和生态环境、周边生产生活、下游河（沟、渠）道及排水管网淤积、防洪安全等的影响。

（5）综合分析及指导意见。应明确水土流失防治和水土保持监测的重点区域和时段，提出防治措施布设的指导性意见。

（八）水土流失防治目标及防治措施布设

1. 水土流失防治目标

根据《开发建设项目水土流失防治标准》（GB 50434—2008），确定水土流失防治的定性、定量目标。线型建设项目有不同标准时，应按扰动地表面积计算加权平均综合防治目标值，目标值取整（控制比保留一位小数）。在缺乏植被生长条件地区的项目和有特殊要求的项目，林草覆盖率可根据实际情况确定。

2. 水土流失防治措施布设

（1）防治措施总体布局应在主体工程水土保持分析评价的基础上，通过现场调查，结合工程实际，借鉴本地区成功经验，提出水土流失防治措施总体布局，形成防治体系，绘制体系框图。

（2）分区防治措施布设及典型设计在防治措施总体布局基础上，分区布设不同部位水土流失防治措施（不区分主体设计中界定为水土保持的措施和方案补充措施），并进行典型设计。措施布设应以文字说明和图纸表示。文字说明应明确措施名称、布设位置。图纸应分区绘制总体布设图，线型防治区可结合典型设计选择典型地段绘制总体布设图，一个防治区中有多个区块时应分区块绘制总体布设图。分区措施布设应根据各区实际情况分别布设表土保护、拦渣、边坡防护、截（排）水、降水蓄渗、土地整治、植被建设、防风固沙、临时防护等水土保持措施。典型设计应有必要的文字说明和典型设计图，典型设计图应包括必要的平面图和剖面图。点型防治区应选择典型区域进行典型设计，线型防治区应选择典型地段进行典型设计。典型设计后应根据典型设计的单位工程量推算各区工程量，并列出工程量计算表。

3. 防治措施工程量汇总

应分区按措施类型列出工程量汇总表。

4. 水土保持工程施工组织设计

水土保持工程施工组织设计应包括施工方法、进度安排等内容。进度安排应符合下列基本规定：

（1）根据水土保持"三同时"制度的要求，按照各分区主体工程施工组织设计，合理安排各防治措施的施工进度，明确水土保持措施相对应主体单项工程实施的时间。

（2）拦挡措施应符合"先拦后弃"的原则，植物措施应根据季节安排。

（3）进度安排应列表说明，并附双线横道图。

（九）水土保持监测

（1）监测目的与原则。应结合项目特点说明监测目的，明确监测原则。

（2）监测范围与时段。监测范围应为项目水土流失防治责任范围。监测时段应为施工准备期至设计水平年。各类项目均应在施工准备期前进行本底值监测。

（3）监测内容、方法、频次与点位布设。监测内容包括水土保持生态环境变化监测、水土流失动态监测、水土保持措施防治效果监测、重大水土流失事件监测。监测采用调查监测与定位监测相结合的方法。有条件的大面积、长距离的大型项目还可增加遥感监测。沿江沿河的项目可增加视频监测。水土流失量监测应采用定位观测和调查相结合的方法。水蚀定位观测点宜选用卡口站、排水沟出口等，重点监测排水含沙量。没有条件时可采用径流小区。风蚀定位观测点宜选择主导风向的下风向，重点监测风蚀量。

（4）监测设施设备及人员配备。应提出水土保持监测所需的设施、设备、消耗性材料及人员安排。

（5）监测成果。应按有关规定，提出监测成果要求，包括监测报告、观测及调查数据、相关监测图件和影像资料、报告制度要求。

（十）水土保持投资估算及效益分析

1. 投资估算

编制原则及依据如下：

投资估算编制的项目划分、费用构成、表格形式等应依据水土保持工程概（估）算编制规定编写。价格水平年、人工单价、主要材料价格、施工机械台时费应与主体工程一致。估算定额、取费项目及费率也应与主体工程一致，主体工程定额中没有的工程项目，应采用水土保持或相关行业的定额、取费项目及费率。运行期水土保持投资另行计列。编制依据应包括主体工程投资估算的相关规定和定额、生产建设项目水土保持投资估算相关规定和定额、相关行业投资估算的相关规定和定额。

估算成果及说明如下：

通过计算列出投资估算总表、分部工程投资表（包括工程措施、植物措施、临时措施）、分年度投资表、独立费用计算表、水土保持补偿费计算表、工程单价汇总表、施工机械台时费汇总表、主要材料单价汇总表。

水土保持措施投资应采用单价×工程量计算。

投资估算总表应按工程、植物、临时措施投资分区计列。

分部工程投资表和投资估算总表中应含主体设计中界定为水土保持措施的投资。

独立费用包括建设管理费、科研勘测设计费、水土保持监理费、水土保持监测费、水土保持设施验收技术评估报告编制费等。

建设管理费，按水土保持投资中第一至第三部分（工程措施、植物措施、临时措施）

之和的 1%～2.4% 计取。

水土保持监理费，按《建设工程监理与相关服务收费管理规定》（发改价格〔2007〕670号）计取，且满足实际需要。

水土保持监测费包括监测人工费、土建设施费、监测设备使用费、消耗性材料费，参照有关规定，结合实际需要计列。

科研勘测设计费包括科研试验费、勘测设计费。大型、特殊水土保持工程可按第一至第三部分投资之和的 0.2%～0.5% 计列科研试验费（一般工程不计列）。勘测设计费依据《工程勘察设计收费管理规定》（国家计委、建设部计价格〔2002〕10号）计列。

水土保持补偿费应按国家和各省（自治区、直辖市）有关规定，按县级行政区计列。跨省项目应分省列出措施投资、水土保持补偿费。

单价分析表、水电砂石料单价计算书、主要材料苗木（种子）预算价格计算书作为报告书附件。

2. 效益分析

根据方案设计的水土保持措施的数量，明确水土保持方案实施后可治理水土流失面积、整治扰动土地面积、建设植被面积、减少水土流失量，列表给出各防治区工程措施占地、植物措施面积、永久建筑占地（包括场地、道路硬化面积和水面面积）、可绿化面积等，列表计算设计水平年扰动土地整治率、水土流失总治理度、土壤流失控制比、拦渣率、林草植被恢复率、林草覆盖率等六项防治目标的预期达到值。说明方案实施后，水土流失控制程度，生态环境恢复和改善情况。

（十一）方案实施的保障措施

1. 组织机构与管理

应明确建设单位水土保持或相关管理机构、人员及其职责、水土保持管理的规章制度，建立水土保持工程档案，以及向水行政主管部门报告建设信息和水土保持工作情况等要求。

2. 后续设计

应明确进行水土保持初步设计及施工图设计的要求。主体工程初步设计中必须有水土保持专章或专篇，审查建设项目初步设计时应同时审查水土保持初步设计，并有水土保持专业技术人员参加。

3. 工程施工

应明确水土保持措施施工要求。在主体工程施工招标文件和施工合同中应明确水土保持要求。

4. 水土保持工程监理

应明确水土保持工程施工中的监理要求。应建立水土保持监理档案，施工过程中的临时措施应有影像资料。

5. 水土保持监测

应明确水土保持监测要求和报告制度。

6. 检查与验收

明确建设单位应经常检查项目建设区水土流失防治情况及对周边的影响，若对周边造成直接影响时应及时处理。

明确在主体工程竣工验收前要进行水土保持设施验收，提出水土保持设施验收的具体要求。

7. 资金来源及使用管理

明确水土保持资金应纳入项目建设资金统一管理，并建立水土保持财务档案。

（十二）结论和建议

1. 结论

应明确有无限制工程建设的水土保持制约因素，通过方案实施可达到的效果。说明项目建设的可行性。

2. 建议

明确下阶段对主体设计的优化建议和需进一步深化研究的水土保持问题。

（十三）附件、附图

1. 附件

主要是项目立项的有关支撑性文件。

2. 附图

一是项目地理位置图，应包含主要城市和交通干线。二是项目区水系图，应包含当地主要河流、干渠、水库、湖泊等。三是项目区土壤侵蚀强度分布图。四是项目总体布置图，应反映工程总体布置、周边地形。公路、铁路项目应有平纵（断面）缩图。五是工程平面布置图。六是水土流失防治责任范围及防治分区图。七是分区措施总体布设图。八是措施典型设计图及水土保持监测点位布局图。

第二节　水土保持案例分析

1993 年国务院在关于加强水土保持工作的通知中，确定水土保持是我国必须长期坚持的一项基本国策。为了从根本上遏制水土流失，特别是控制生产建设项目造成的人为水土流失，国家相继出台了《中华人民共和国水土保持法》《中华人民共和国水土保持法实施条例》《开发建设项目水土保持方案编报审批管理规定》等相关法律法规及规章，建立水土保持方案报告制度，加大监督执法力度，加快治理水土流失的步伐。

我国水土保持工作方针是"预防为主、保护优先、全面规划、综合治理、因地制宜、突出重点、科学管理、注重效益"，生产建设项目的水土保持工作要坚持与主体工程同时设计，同时施工，同时投入使用的"三同时"制度。本节以不同类型生产建设项目水土保持方案和水土流失防治措施实施情况为例，分别介绍水利水电工程、火电工程、机场工程、核电工程、公路工程、管道工程、风电工程和输变电工程等不同类型生产建设项目水土流失防治重点及设计理念、水土流失防治分区划分和防治措施体系及主要防治措施布设等。

一、水利水电工程（以乐滩水电站工程为例）

（一）项目概况

乐滩水电站工程是广西红水河流域规划十个梯级开发中的第八个梯级电站，坝址位于广西忻城县红渡镇上游 3.0km，是一座以发电为主，兼顾航运、灌溉综合利用的大型水电工程。电站控制流域面积 118000km²，多年平均流量 2120m³/s，正常蓄水位 112m，死水位 110m，水库总库容 9.5 亿 m³，总装机容量 600MW，多年平均发电量 34.95 亿 kW·h。工程枢纽主要由发电厂房、溢流坝、左岸船闸、左岸土坝、左右岸重力接头坝及开关站等组成，工程总投资 40.2 亿元。

（二）项目区概况

项目区属亚热带季风气候，年均气温 20.7℃，年均降水量 1421.8mm，主要集中在 4—9 月，最大 24h 降雨量 206.7mm，多年平均风速为 1.6m/s，多年平均蒸发量 1628.2mm，年日照时数 1395.6h，无霜期长达 350 天。项目区地处桂西山地与桂中盆地过渡地带，地势西北高东南低，地貌类型主要有岩溶峰丛洼地或峰林谷地，土壤以石灰岩土、红壤土和水稻土为主。

（三）水土流失防治重点及设计理念

水电项目建设具有扰动地表面积大、挖填土石方及弃渣量大、施工周期长等特点，水土流失防治应重点关注主体工程建设区的边坡防护及截排水设置等、取弃土（渣）场的整治措施等。措施布设方面，在保证工程安全的前提下，多采用植物措施或综合防治措施，使防护工程与周围环境相协调，最大程度恢复生态环境。

（四）水土流失防治分区和防治措施体系

乐滩水电站工程水土流失防治分区和防治措施体系见表 3-2-1。

表 3-2-1　　　　乐滩水电站工程水土流失防治分区和防治措施体系表

防治分区		措 施 布 置
主体工程建设区	大坝、厂房等施工区	溢流坝上、下游的右岸护坡和通航建筑物的左岸喷混凝土护面、浆砌块石护坡以及综合护坡，挖方边坡坡顶、填方边坡坡脚设截排水沟，马道及坡面上设混凝土排水沟
	施工生产系统及场内交通施工区	土质开挖边坡采用浆砌石护坡，石质边坡喷 C20 混凝土防护；回填边坡坡脚设浆砌石挡土墙。每个生产系统周边设浆砌石排水沟，开挖边坡坡顶设置浆砌石截水沟，永久道路两侧设浆砌石排水沟。临时道路两侧、砂石料加工厂及存料场周边设临时排水沟。随着工程的进度对不再使用的施工裸地及时植树种草恢复植被，施工结束后对空地进行景观绿化，永久道路沿线营造绿化带
交通洞外施工区	施工辅助企业及生活区	回填边坡采用浆砌石挡土墙挡护，整个场区布设地面排水沟和地下排水管网。施工期间局部的施工裸地进行植树种草绿化，施工结束后对空地进行景观绿化
	对外交通公路区	隧洞进出口洞外坡面采用浆砌石护坡或喷 C20 混凝土防护，坡顶以上 2m 处设浆砌石截流沟；对外交通公路填方边坡采用浆砌石护坡，道路两侧设浆砌石排水沟。对外道路沿线营造绿化带
弃渣场区	1 号弃渣场	渣场迎水面坡脚处设置混凝土挡土墙或钢筋块石笼护脚；水库水位消落区渣体坡面采用干砌石防护；在山体与渣体顶面交接处布置截水沟，渣体马道和坡面上布置纵、横向排水沟；堆渣坡面及顶面覆土整治，坡面播撒草籽及栽植灌木，顶面复耕
	2 号弃渣场	堆渣临河侧坡脚设浆砌石挡渣墙或钢筋块石笼护脚；渣体坡面采用干砌石或浆砌石护坡，水下部分抛石护脚；渣场顶部内侧修建浆砌石排水沟，堆渣体坡面预埋预制钢筋混凝土涵管。堆渣体顶面整治覆土、进行复耕

续表

防治分区	措 施 布 置
移民安置区	各居民点根据地形采用平坡式或台阶式布置,台阶边缘设浆砌石挡土墙,填方边坡设挡土墙防护,边坡铺草皮或浆砌石框格草皮护坡,场地外围修建砖砌体截流沟;居民点周边布置砖砌排水沟,道路两侧及房前种树、植草皮绿化
专项设施建设区	复(改)建公路岩石开挖边坡喷 C20 混凝土防护,土质开挖边坡播撒草籽绿化

(五) 主要水土流失防治措施布设

1. 主体工程建设区

(1) 护岸护坡工程。溢流坝上下游右岸、通航建筑物左岸等,分别采用喷混凝土护面、浆砌块石护坡以及综合护坡(浆砌石框格、六角空心植草护坡等)形式。

(2) 排水工程。船闸引航道等主体工程施工区开挖边坡顶部设置截水沟,填筑边坡底部设置排水沟;生产系统周边设 M5.0 浆砌石排水沟;道路开挖边坡坡顶设置 M5.0 浆砌石截水沟,路基两侧设浆砌石排水沟。

主体工程建设区水土流失防治措施布设如图 3-2-1~图 3-2-6 所示。

图 3-2-1 左岸坝下公路岸坡综合护坡、排水沟

图 3-2-2 引航道左岸下部浆砌石、上部综合护坡

图 3-2-3 上游引航道两侧边坡防护

图 3-2-4 上游引航道小岛绿化

图 3-2-5 坝址左岸护坡顶截水沟 （消能设施）

图 3-2-6 场内道路沿线绿化

2. 施工营地及施工生产生活区

（1）边坡防护。施工生产系统区及施工道路土质开挖边坡采用 M5 浆砌石护坡，石质开挖边坡采用喷 C20 混凝土防护，回填区域边缘设 M7.5 浆砌石挡土墙。对外交通道路填方路段两侧下半部采用浆砌石护坡，上半部采用草皮防护。

（2）临时防护。砂石料加工系统施工期设生产废水沉淀池，使用结束后覆土复耕。

（3）植物措施。施工期间及时对不再使用的施工裸地植树种草绿化；施工结束后对施工迹地进行整治，恢复植被或复耕；在永久道路沿线营造绿化带，施工营地采用园林式景观绿化。左岸采石场施工时按稳定边坡开挖，施工结束后修整边坡，平整坡前开挖形成的裸地，覆土整治，撒播草籽绿化。植物品种选择桂花、朱槿、鱼尾葵、白兰、海桐、红继木、黄槐、大叶棕竹、小叶榕、垂叶榕、高山榕、碧桃、洋紫荆、木棉、刺桐、枇杷、黄皮果、柑橘、迎春、苏铁、假槟榔、马尼拉草、螃箕菊、爬山虎等。

施工营地及施工生产生活区水土流失防治措施布设如图 3-2-7～图 3-2-16 所示。

3. 弃渣场区

该工程在左岸设置 2 个弃渣场，均为临河型弃渣场。弃渣场防护标准为 10 年一遇防洪水位加超高，截流沟、排水沟按 5 年一遇防洪标准设计。

图 3-2-7 生活水厂、施工变边坡防护

图 3-2-8 对外道路路基边坡防护与绿化

图 3-2-9　砂石加工系统沉淀池

图 3-2-10　砂石加工系统沉淀池覆土平整

图 3-2-11　左岸采石场前坡弃渣覆土种草

图 3-2-12　左岸石料堆存场覆土待复耕

图 3-2-13　对外交通干道两旁排水沟及植树铺草皮

图 3-2-14　业主生活区绿化

图 3-2-15 业主生活区绿化

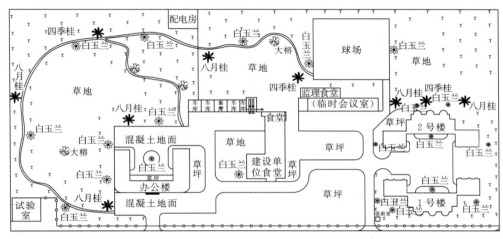

图 3-2-16 业主生活区绿化布置图

（1）1号弃渣场。1号弃渣场位于一级阶地上，占地面积 18.67hm²，堆渣量 213.2 万 m³，堆渣高程 150m 左右。

拦挡及护坡工程：渣场迎水面坡脚处设置混凝土挡土墙或钢筋石笼护脚；水库水位消落区渣体坡面采用干砌石防护，边坡坡度为 1:1.5～1:1.75。

排水工程：在山体与渣体顶面交接处布置截水沟；渣体马道和坡面上布置纵、横向排水沟。

绿化及复耕工程：对弃渣场高程 113.2～150.0m 堆渣坡面及顶面覆土整治，坡面播撒草籽及栽植灌木，顶面复耕。植物品种选择常绿、耐旱、根系横向发育强的且极易于生长的宽叶雀稗、百喜草、狗尾草、刺荆和竹子等；三种草籽混播比例为 4:4:2。栽植时间选择在每年的 3—4 月，草籽的发芽率和成活率均较高。

1号弃渣场水土流失防治措施布设如图 3-2-17～图 3-2-22 所示。

（2）2号弃渣场。2号弃渣场位于一级阶地及部分滩地上，渣场占地面积 25.27hm²，堆渣量 191 万 m³，堆渣高程 112.3m 左右。

拦挡工程：在岩基堆渣基础的临河一侧坡脚修建重力式 M7.5 浆砌石挡渣墙，墙高度 2m；在堆渣基础为软基的临河一侧滩地上设置钢筋石笼护脚，钢筋石笼尺寸为 2.0m×2.0m×1.2m，骨架钢筋直径为 14mm，填筑的块石直径不应小于 30cm，各钢筋笼之间应用 8 号钢丝连接。

图 3-2-17　1 号弃渣场分级堆渣

图 3-2-18　钢筋石笼护脚及干砌石护坡

图 3-2-19　混凝土挡墙、截排水沟及植物护坡

图 3-2-20　渣场岸坡栽植竹子

图 3-2-21　渣场顶部截水沟

图 3-2-22　渣场顶部截水沟

护坡工程：从高程 109.5m 至渣顶（112.3m 高程）渣体坡面采用干砌石或浆砌石护坡，护坡厚度为 40cm，边坡为 1:1.5。高程 109.5m 以下至挡渣墙或钢筋笼顶的渣面由于蓄水后沉在水下，采用抛石护脚，堆放时有序分层，大块石在外，堆石层厚度不小于 3m。

排水工程：在渣场顶部内侧修建浆砌石排水沟，尺寸为底宽 50cm、深 50cm、厚 40cm。垂直于排水沟方向每隔 50m 沿堆渣体坡面预埋一道管径为 1m 的钢筋混凝土预制涵管。

复耕工程：弃渣结束后，对渣场顶面整治覆土、复耕。

2 号弃渣场水土流失防治措施布设如图 3-2-23～图 3-2-27 所示。

4. 其他防治分区水土流失防治措施

内容从略。

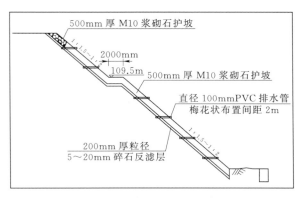

图 3-2-23　弃渣场护坡设计（一）

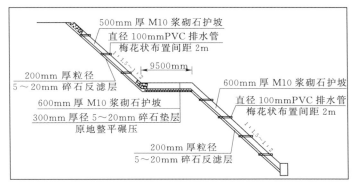

图 3-2-24　弃渣场护坡设计（二）

图 3-2-25　2号弃渣场浆砌石护坡

图 3-2-26　2号弃渣场顶面复耕

图 3-2-27　2号弃渣场下游段护坡（抛石压脚）

二、火电工程（以防城港电厂工程为例）

（一）项目概况

防城港电厂位于广西防城港市企沙半岛西侧的企沙临海工业区，一期工程建设两台 600MW 超临界燃煤机组，已于 2008 年建成发电；二期工程建设两台 660MW 超临界燃煤机组，预计 2016 年年底投产发电。电厂配套建设专用卸煤码头、贮灰场、厂外取排水管线等。

（二）项目区概况

厂址原地貌为海漫滩—海积阶地，局部地段属剥蚀残丘地貌。项目区属亚热带海洋性季风气候，多年平均气温 22.6℃，多年平均降雨量 2811.3mm，20 年一遇 1h 暴雨强度 110.1mm，10 年一遇 1h 暴雨强度 95.8mm，多年平均风速 4.1m/s，主导风向为北北东（NNE）。土壤类型以红壤为主，植被类型为北热带季雨林。

（三）水土流失防治重点及设计理念

项目场址由吹沙填海形成，边坡防护应注意防海水淘蚀。考虑沿海地区降雨量大、风大等气候特点，施工期特别加强了临时拦挡、覆盖（苫盖）及排水措施。施工场地尽量减少硬化处理，以利于后期恢复植被。在绿化植物的选择上，坚持因地制宜、适地适树原则，优先选择乡土树种。

（四）水土流失防治分区和防治措施体系

防城港电厂工程水土流失防治分区和防治措施体系见表 3-2-2。

表 3-2-2　　　防城港电厂工程水土流失防治分区和防治措施体系表

防治分区	措施布置		
	工程措施	植物措施	临时防护措施
电厂厂区	施工前剥离表土，陆域边界填方边坡设浆砌石挡土墙，海域边界设围堤防护，厂内设排水沟（管），贮煤场周边设排水沟，施工结束后土地整治、覆土	厂区绿化	施工期间对施工场地设临时排水沟、沉沙池，建筑材料集中堆放用装土编织袋拦挡，临时堆土设彩钢板防护、撒播草籽临时绿化
卸煤码头区	设混凝土排水沟		
取排水工程区	施工前剥离表土，取水泵房周边设排水沟，循环水排水口设消力池，施工结束后陆域施工迹地土地整治、覆土	陆域施工迹地采用灌草结合方式绿化	施工期间管沟施工区设临时排水沟，临时堆土设装土编织袋拦挡、防护网苫盖
施工生产生活区	施工前剥离表土，陆域边界填方边坡设浆砌石挡土墙，施工结束后土地整治、覆土	施工迹地采用乔灌草结合方式绿化	施工期间场地周围设砖砌体临时排水沟，末端设沉沙池，临时堆土场周边用临时彩钢板拦挡、撒播草籽临时绿化，建筑材料周边用临时彩钢板拦挡并用防护网苫盖
厂外道路区	填方路段设浆砌石挡土墙，道路两侧设浆砌石排水沟	道路两侧种植行道树	
贮灰场	贮灰场四周设浆砌石排水沟，灰场内部设置排水竖井及暗沟	分区分块堆灰完成后，覆土绿化	加强灰渣堆放防护及管理

（五）主要水土流失防治措施布设

1. 电厂厂区

厂区为吹沙填海形成，临海侧修建了防浪堤，设计标准为 100 年一遇潮位标准，堤顶高程为 4.50m。厂区建筑物周围设置了排水明沟或暗沟，排水沟末端设沉沙池。施工期间，建筑物基坑边坡用土工布覆盖，用装土编织袋压顶压脚。贮煤场周边设挡煤墙，建干煤棚。施工区周围用彩钢板临时防护。

厂区以园林景观绿化为主，点、线、面有机结合，达到美化环境，涵保水土等目的。在厂前生活区、食堂附近和综合办公楼前布置小片的草坪和花圃，合理配置绿化树种，以植物造型为主；在主厂房区的固定端、A列外的管沟走廊，以种植绿篱和草坪为主，辅以观赏性的灌木；附属生产区、配电装置区的绿化，以种植绿篱为主，并在场地内种植草坪。植物品种选择坚持适地适树原则，除选用沿海地区防风固沙、抗沙埋能力强的木麻黄外，还选用了适宜当地生长的观赏植物，主要有小叶榕、盆架子、榄仁、红绒球、三角梅、夹竹桃等，草皮主要有马尼拉和假俭草等。

电厂厂区水土流失防治措施布设如图3-2-28～图3-2-41所示。

图3-2-28　厂区防浪堤

图3-2-29　一期厂区南侧砖砌体排水沟

图3-2-30　二期主厂房内的排水沟

图3-2-31　厂区道路旁排水沟

图3-2-32　干煤棚周边排水沟

图3-2-33　厂区总沉沙池

图 3-2-34　干煤棚挡煤墙

图 3-2-35　基坑边坡苫盖土工布

图 3-2-36　厂区施工场地彩钢板防护

图 3-2-37　基坑边坡木桩、装土编织袋拦挡

图 3-2-38　厂前区绿化

图 3-2-39　配电区绿化

图 3-2-40　主要建筑物周边空地绿化

图 3-2-41　厂区道路两侧绿化

2. 施工生产生活区

施工生产生活区周边设置砖砌体排水沟、土质排水沟等，排水沟末端设沉沙池。临时堆土集中堆放，用密目网苫盖或撒播草籽临时绿化；堆料场周围砌筑水泥砖挡护。部分生产场地铺碎石覆盖，生活区空地覆土绿化或铺生态砖。

施工生产生活区水土流失防治措施布设如图 3-2-42～图 3-2-49 所示。

图 3-2-42　施工生活区排水及绿化

图 3-2-43　临时堆土防护网苫盖及撒播草籽

图 3-2-44　组装场周边砖砌排水沟

图 3-2-45　设备堆放场临时排水沟

图 3-2-46　生产场地铺碎石覆盖

图 3-2-47　生活区空地覆土待绿化，铺生态砖

图 3-2-48　堆料场周围水泥砖挡护

图 3-2-49　施工生产区排水沟顺接沉沙池

3. 贮灰场

　　贮灰场北侧与海相连，为了防止海潮和波浪的影响，在灰场北侧设置主坝，设计标准为 100 年一遇，最大坝高约 9.6m；其余三侧沿现有道路内侧筑副坝。灰场围坝外南、北侧洪水沿灰场四周排水沟排向虾萝江，并沿海堤流入大海。周围山坡洪水及东南侧洪水沿着现有公路的排水沟排出，东侧、南侧和北侧现有排水沟，满足 10 年一遇的防洪标准。贮灰场内部积水主要来自降雨，由于汇水面积较小，水量有限，设置排水竖井及暗沟，将库内积水排入大海，在排水系统出口处设置闸门，低潮位时用来排除贮灰场内的雨水，高潮位时防止海水倒灌。同时可以考虑在排水竖井中预留部分雨水作为灰场的喷洒用水。

　　贮灰场水土流失防治措施布设如图 3-2-50～图 3-2-53 所示。

图 3-2-50　贮灰场（灰坝）

图 3-2-51　贮灰场（排水设施）

图 3-2-52　运灰道路旁砂浆抹面砖砌体排水沟

图 3-2-53　在建的运灰道路旁永久排水暗管

4. 厂外循环供排水管及码头区

厂外循环水排水工程基坑开挖时，及时采取了土工布苫盖坡面、坡底坡顶装土袋镇压防护等防护措施，滩涂区施工期用装土袋修筑围堰。专用煤码头施工边坡采用装土编织袋临时拦挡。

厂外循环水排水工程及码头区水土流失防治措施布设如图3-2-54～图3-2-56所示。

图3-2-54 循环水排水工程边坡土工布苫盖防护（装土袋压脚压顶）

图3-2-55 厂外循环水排水沟浅海滩涂吹沙袋围堰

图3-2-56 专用卸煤码头施工（麻袋拦挡）

5. 其他防治分区水土流失防治措施

内容从略。

三、机场工程（以广西河池民用机场工程为例）

（一）项目概况

广西河池民用机场位于广西河池市金城江区和南丹县交界处，建设内容主要包括飞行区、航站区、净空区、供水管线区和施工生产生活区等。项目建设规模为飞行区等级指标4C，跑道长2200m，停机位3个，航站楼面积4200m²。工程总投资8.08亿元。

（二）项目区概况

项目区属亚热带季风气候，多年平均气温为17.2℃，多年平均降雨量为1466.6mm，多年平均风速为1.7m/s，主导风向为南南东（SSE），不小于10℃积温为5233℃，雨量多集中在5—8月，20年一遇1h暴雨量为52.2mm。项目区属于低山地貌区，土壤类型主要为红壤和黄壤，植被属于南亚热带季风常绿阔叶林带。

（三）水土流失防治重点及设计理念

河池机场海拔 677m，是广西境内海拔最高的机场，被称为"悬崖边的机场"和"山顶机场"等。机场场平土石方挖填量非常大，设计中通过不断地优化调整场坪标高，最大限度移挖作填，基本做到挖填平衡，少量余方后期用于机场绿化覆土，全部消化利用。场址的三分之二面积都为填方，平均填方高度 35m，最高填方 126m，高填方边坡的防护、场地排水设施的修建是本工程水土流失防治的重点。

（四）水土流失防治分区和防治措施体系

河池机场工程水土流失防治分区和防治措施体系见表 3-2-3。

表 3-2-3　　　　河池机场工程水土流失防治分区和防治措施体系表

防治分区	措 施 布 置		
	工程措施	植物措施	临时防护措施
飞行区	施工前剥离表土，东北、东南侧填方边坡设置急流槽，马道上设置 C20 混凝土排水沟，边坡及坡脚设置浆砌石排水沟、排水沟顺接；西北侧填方边坡设加筋挡墙防护，东北侧挖方边坡坡顶设浆砌石截水沟，围场道路边、站坪及联络滑行道边设置明暗排水沟，东南端高位水池南侧设 C20 混凝土排水沟，场外排水口末端设沉沙池	挖填边坡采用三维植被网护坡或撒播草籽绿化	施工期场内设临时排水沟；对临时堆土进行拦挡、苫盖，裸露地表面采取临时苫盖措施
航站区	施工前剥离表土，东南侧填方边坡马道上设置 C20 混凝土排水沟，边坡侧设置浆砌石排水沟及顺接工程，西南侧填方边坡排水口末端设沉沙池，构筑物周边设盖板排水沟	东南侧填方边坡采用三维植被网防护；停车场、综合楼等周边空地景观绿化	施工期场内设临时排水沟，对临时堆土进行拦挡、苫盖和对裸露边坡采取临时苫盖措施
净空区	施工前剥离表土，南侧填方边坡马道上设置 C20 混凝土排水沟，边坡及坡脚设置浆砌石排水沟，西南侧挖方边坡坡脚设浆砌石排水沟，排水口末端设沉沙池，进场道路两侧设浆砌石排水沟	填方边坡采用三维植被网护坡或撒播草籽护坡，场内裸露地面撒播种草	裸露边坡临时苫盖
供水管线	管线施工区域内剥离表土	撒播草籽绿化	临时堆土拦挡、苫盖
施工生产生活区	剥离表土，场区周围设砖砌体排水沟	覆土、绿化	临时堆土拦挡、苫盖

（五）主要水土流失防治措施布设

1. 飞行区

（1）边坡防护措施。在东北、东南侧填方区域按照 1∶2 坡比分级放坡，放坡面水平方向每 20m 设一条 2m 宽的平台，坡面采用三维植被网防护，坡脚设置浆砌石挡土墙；西北侧填方边坡分四级放坡设加筋挡墙防护，加筋挡墙分为 4 级，每级高 15m，挡墙护面采用聚丙烯长丝针刺无纺土工布反包耕植土，外部采用钢筋固定。飞行区边坡防护措施布设如图 3-2-57～图 3-2-59 所示。

（2）（截）排水措施。项目区竖向布置按 50 年一遇防洪标准设计；项目区内排水沟及周围边坡坡脚和坡顶截排水沟设计标准均为 5 年一遇设计标准。整个场址结合各功能区布置，设置了不同型式、不同规格的截排水沟，并结合周边地势修建顺接工程。

图 3-2-57 飞行区填方边坡（一）

图 3-2-58 飞行区填方边坡（二）

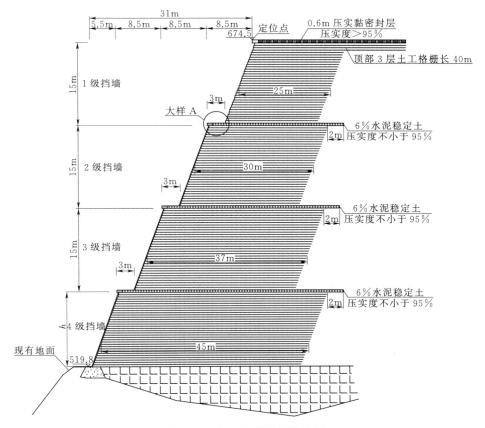

图 3-2-59 加筋挡墙设计图

飞行区挖填边坡排水沟采用浆砌石型式，根据汇水及地形采用的断面有矩形断面 40cm×40cm、40cm×50cm、80cm×100cm 和 80cm×120cm，侧墙厚 40cm；梯形断面底宽 90cm，深 80cm，边坡比 1∶0.25，侧墙厚 40cm。坡脚排水沟断面有矩形断面 200cm× 100cm，侧墙厚 40cm；梯形断面底宽 200cm，深 100cm，边坡比 1∶0.25，侧墙厚 40cm。边坡马道上设置 C20 矩形混凝土排水沟，尺寸为 40cm×70cm；飞行区东北、东南侧填方边坡设置急流槽。飞行区东南端高位水池南侧及 16 号出水口边坡设置 C20 矩形混凝土排水沟，排水沟尺寸为 40cm×70cm 和 40cm×20cm。

飞行区在围场道路周边、站坪及联络滑行道周边设置矩形排水沟，采用明暗沟结合，除跑道与站坪之间排水明沟宽度为100cm（沟内净宽）外，其余的排水明沟均为70cm宽，沟深根据飞行场地竖向设计的纵向变动为70～150cm。飞行区设14个出水口，场地汇水通过边坡排水沟、坡脚排水沟及顺接排水沟排放到周边自然沟道或低洼地。根据出水口地形情况，分别在1号、7号、8号和15号出水口修筑浆砌石排水顺接工程，排水断面为梯形，底宽90cm、高80cm、厚40cm，边坡坡比为1：0.25。

在场地填方区域内设置盲沟，以疏通因填方截断的自然沟道和填筑体内的水排出场外。盲沟沟底为依次铺设4～6cm粒径碎石层（厚度50cm）、0.5～2cm粒径碎石层（厚度25cm）和粗砂层（厚度15cm）。沟底中间埋设直径20cm的盲管，盲沟四个外角边均用透水土工布包裹。干线盲沟底宽为200cm，支线盲沟底宽为100cm，底坡与原地面坡度基本一致。盲沟终点衔接于机场场地东侧、北侧9个排水口，将汇水排入自然沟道内。

飞行区截（排）水措施布设如图3-2-60～图3-2-65所示。

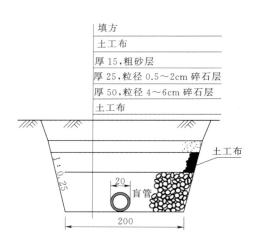

图3-2-60　干线盲沟断面图（单位：cm）

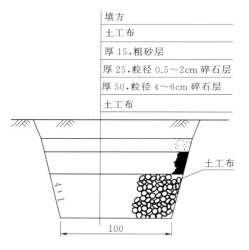

图3-2-61　支线盲沟断面图（单位：cm）

图3-2-62　边坡排水

图3-2-63　3号出水口

图 3-2-64　14 号出水口　　　　　图 3-2-65　13 号、14 号、15 号出水口坡脚排水沟

2. 航站区

在东北、东南侧填方区域按照 1：2 坡比分级放坡，放坡面水平方向每 20m 设一条 2m 宽的平台，坡面采用三维植被网防护，坡脚设置浆砌石挡土墙；航站区东南侧按 1：1.7 坡比分级放坡，放坡面水平方向每 17m 设一条 2m 宽的平台，坡面植草防护，坡脚设置浆砌石挡土墙。

航站区水土流失防治措施布设如图 3-2-66～图 3-2-67 所示。

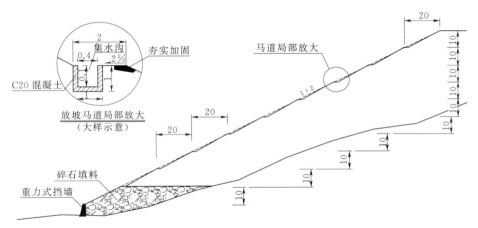

图 3-2-66　一般填方边坡防护设计图（单位：m）

3. 净空区

在净空区西南侧挖方边坡坡脚设置浆砌石排水沟，断面为矩形，尺寸为 40cm×40cm。净空区东南侧填方边坡坡脚排水沟设浆砌石排水沟，断面为梯形，底宽 200cm、深 100cm，边坡比 1：0.25；马道上设置 C20 矩形混凝土排水沟，尺寸为 40cm×70cm（宽×深），厚 0.3m。11 号出水口边坡设浆砌石排水沟，尺寸为 40cm×50cm，侧墙厚 40cm。

4. 其他防治分区水土流失防治措施

内容从略。

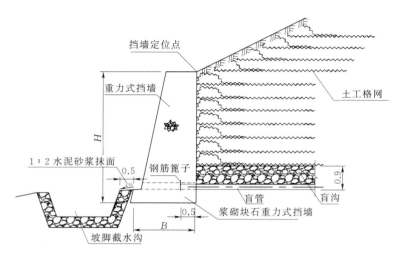

图 3 - 2 - 67 坡脚防护设计图（单位：m）

四、核电工程（以防城港红沙核电厂一期工程为例）

（一）项目概况

广西防城港红沙核电项目一期工程位于防城港市港口区，建设 2 台百万千瓦级压水堆核电机组，工程等级为大型。项目建设内容包括厂区、海工工程区、道路建设区、施工用水供应工程区、施工电源及辅助电源线路工程区、施工生产生活区和弃渣场，项目估算投资 282.93 亿元。

（二）项目区概况

项目区由滨海丘陵地貌和海岸地貌组成，属亚热带海洋性季风气候，多年平均气温 22.5℃，多年平均降水量 2822.9mm，20 年一遇 1h 降雨量 111.4mm，10 年一遇 1h 降雨量 97.5mm。多年平均风速 4.0m/s，主导风向为北北东（NNE）。土壤类型主要为红壤土，植被类型为北热带季雨林。

（三）水土流失防治重点及设计理念

核电工程施工扰动地表面积较大，施工时间较长，挖、填方工程量较大，水土流失相应也较大。大多核电厂建在沿海地区，施工前需填海造地。厂区和弃渣场是水土流失防治的重点。

（四）水土流失防治分区和防治措施体系

防城港红沙核电厂一期工程水土流失防治措施体系见表 3 - 2 - 4。

表 3 - 2 - 4　　　　防城港红沙核电厂一期工程水土流失防治措施体系表

防治分区	措施布置		
	工程措施	植物措施	临时防护措施
厂区	对陆域区域表土进行剥离、装运，挖方边坡采用框格草皮护坡，填方边坡坡脚设挡土墙，厂区西侧和北侧设截洪沟，厂内设钢筋混凝土排水管、浆砌石排水沟	填方边铺草皮防护，对行政管理辅助设施区、现场服务区及预留用地进行整治、绿化	施工场地设砖砌体临时排水沟，末端设沉沙池，临时堆土周边采用彩钢板拦挡、防护网苫盖，预留用地铺碎石防护

续表

防治分区	措施布置		
	工程措施	植物措施	临时防护措施
海工工程区	对陆域区域的表土剥离、装运	预留用地临时绿化	
道路建设区	施工场地表土剥离、装运，道路两侧设浆砌石排水沟和顺接工程及沉沙池	道路边坡草皮防护，两侧种行道树，临时用地植草绿化或复耕	路基填筑前坡脚处用装土麻袋拦挡
施工用水供应工程区	对施工场地的表土进行剥离	施工迹地绿化	临时堆土的坡脚采用彩钢板拦挡
施工电源及辅助电源线路工程区	对施工场地的表土进行剥离，塔位周边设挡土墙、浆砌石排水沟	施工结束后撒播草籽绿化	表土堆放场周边用装土麻袋拦挡，防护网苫盖，施工场地周边设排水沟
施工生产生活区	对施工场的地表土进行剥离、装运，挖方边坡采用框格草皮护坡，填方边坡坡脚设挡土墙	填方边坡铺草皮防护，场地绿化	场地铺碎石临时覆盖，周边设砖砌体排水沟及沉沙池，建筑材料周边采用彩钢板拦挡、防护网苫盖
弃渣场	弃渣场南北两侧及地势低洼处修建浆砌石挡土墙，渣场周边设浆砌石截水沟	弃渣区灌草结合绿化，表土堆放区复耕，坡面撒播草籽绿化	表土周边采用装土麻袋拦挡

(五) 主要水土流失防治措施布设

1. 厂区

边坡防护：厂区场地平整施工过程中，在厂区西侧、北侧形成部分挖方边坡及填方边坡，对于挖方边坡采用拱形护坡框格内铺草皮防护，填方边坡坡脚设挡土墙防护。

排水工程：厂区东、南面环海，西、北面有小流域雨、洪水汇入厂区，沿厂址西、北侧设置截排洪设施，将汇水向东、南排入钦州湾海域。西设浆砌石截洪沟，断面为梯形，尺寸为 4.0m×4.0m（底宽×深），边坡比为 1:1。北设浆砌石截洪沟，断面为梯形，尺寸为 5.0m×5.0m（底宽×深），边坡比为 1:1。厂区雨水通过 DN1200 钢筋混凝土排水管和排水明沟排往厂区东侧及南侧海域，厂内排水沟浆砌石衬砌，断面为矩形，尺寸为 0.5m×0.5m（宽×深）。施工期沿场内施工道路修建砖砌体临时排水沟，断面为 30cm×30cm，临时排水沟的末端设置 Mu5.0 砖砌体沉沙池，尺寸为 3.0m×2.0m×1.5m（长×宽×深）。

厂区绿化：核电厂区由于有剂量防护、卫生防火、安全保卫等方面的特殊要求，在厂区保护区内一般不进行绿化，厂区绿化主要分布于行政管理及辅助设施区、现场服务区。绿化以建植草坪为主，间以灌木、小乔木点缀，在行政管理及辅助设施区附近进行重点绿化，设置花坛，栽植观赏性植物，如假俭草、马尼拉草、黄金叶和三角梅等。

厂区水土流失防治措施布设如图 3-2-68～图 3-2-71 所示。

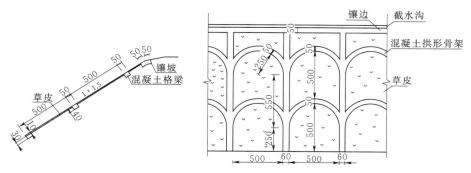

图 3-2-68　厂区挖方边坡浆砌石框格草皮护坡（单位：cm）

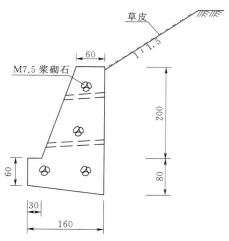

图 3-2-69　厂区填方边坡浆砌石挡土墙（单位：cm）

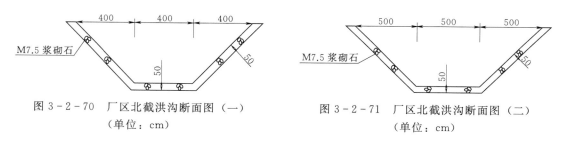

图 3-2-70　厂区北截洪沟断面图（一）
（单位：cm）　　　　　　　

图 3-2-71　厂区北截洪沟断面图（二）
　　　　　　　（单位：cm）

2. 弃渣场区

弃渣场为山间凹地，底部地面高程为 1.0～2.5m，东西两侧山丘顶部高程为 19.2～
31.1m，占地面积为 11.20hm²。为形成库容，在弃渣场南北两侧及地势较低的山凹处修
建挡土墙。当堆渣高程为 12.50m 时，弃渣场容量为 99.45 万 m³。考虑对表土的有效保护
和利用，方案设计对弃渣和表土分区堆放，弃渣场北侧为弃渣堆放区，占地 8.39hm²，初
期堆渣高程为 12.2m，可堆放弃渣 61.09 万 m³，堆渣结束覆表土后高程为 12.5m。南侧
为表土堆放区，占地面积 2.81hm²，初期堆放高程为 12.2m，可堆放表土 25.10 万 m³；
表土利用后堆放高程为 7.0m，堆放表土 9.60 万 m³。

挡护措施：弃渣场南端、北端和高程低于 12.5m 的山凹处设置挡土墙，平均高度为

2.5m，顶宽0.5m，面坡倾斜坡度1:0.4，背坡倾斜坡率1:0，坡底倾斜坡率0:1，墙趾台阶0.5m，墙踵台阶0.5m。挡墙内设φ100PVC排水管，排水管间距为2m，呈梅花形布置。

截排水措施：沿弃渣场坡面边缘设置浆砌石截水沟，顺接至施工生产生活区排水沟。东侧截水沟长923m，西侧截水沟长755m，断面为50cm×50cm。

绿化措施：表土剥离堆放期间采取临时绿化措施，撒播糖蜜草草籽绿化。施工结束后，回用表土到各施工区进行绿化，弃渣场将形成弃渣堆放区和表土堆放区两个平台。弃渣堆放区平台高程约12.5m，采用灌草结合绿化，种植灌木采用行间混交方式，株距2m，行距2m，林间撒播草籽。植物品种选择胡枝子、余甘子和糖蜜草等。表土堆放区平台高程约7.0m，拟采取复垦措施；渣场边坡采取草皮护坡。

弃渣场区水土流失防治措施布设如图3-2-72～图3-2-75所示。

3. 其他防治分区水土流失防治措施

内容从略。

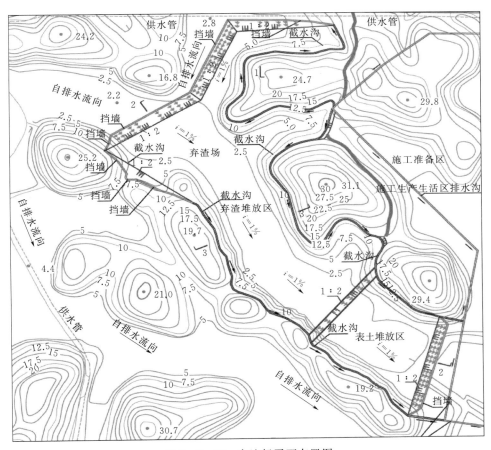

图3-2-72 弃渣场平面布置图

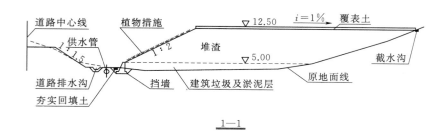

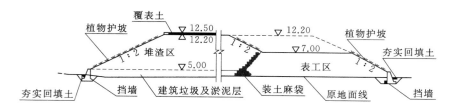

图 3-2-73　弃渣场典型剖面图（单位：m）

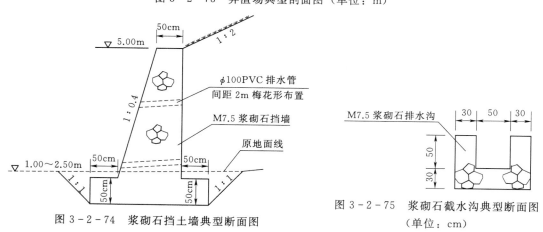

图 3-2-74　浆砌石挡土墙典型断面图

图 3-2-75　浆砌石截水沟典型断面图
（单位：cm）

五、公路工程 ［以京藏高速石嘴山（蒙宁界）至中宁段改扩建工程为例］

（一）项目概况

京藏高速石嘴山（蒙宁界）至中宁段改建工程起于石嘴山市惠农区，向南经石嘴山市的惠农区、平罗县，银川市的贺兰县、兴庆区、永宁县，吴忠市的青铜峡市、利通区、红寺堡区、同心县，止于同心县桃山口互通立交，全长283.76km，其中改扩建185.07km，新建98.69km。公路采用双向八车道高速公路标准和双向六车道高速公路标准，设计车速为100km/h，采用沥青混凝土路面。全线共设大、中桥6192.54m/65座，小桥2328.56m/97座；设置互通式立交22处、分离式立交54处，服务区6处，收费站20处；项目建设施工生产生活区29处、弃渣场7处、取土场8处，新建施工道路长113.45km。项目估算总投资220.30亿元。

（二）项目区概况

项目区沿线地貌为平原和丘陵，属温带大陆性干旱气候，年平均气温为8.5～9.4℃，年平均降水量175.1～230mm，年平均风速为2.2～3.2m/s；最大冻土深度89～107m，无霜期163～188d。项目区植被为温带荒漠草原，群落结构简单。

（三）水土流失防治重点及设计理念

公路项目里程长，涉及范围广，沿线设置取弃土场数量较多。改扩建施工是在道路原有设施基础上改造，水土流失防治措施布设应注重与原有公路防治措施及周边环境的协调与衔接。

（四）水土流失防治分区和防治措施体系

京藏高速石嘴山至中宁段改扩建工程水土流失防治分区和防治措施体系见表3-2-5。

表3-2-5 京藏高速石嘴山至中宁段改扩建工程水土流失防治分区和防治措施体系表

防治分区	措施布置		
	工程措施	植物措施	临时防护措施
路基工程区	施工前剥离表土集中堆放；永临结合设置排水沟、排水沟末端设沉沙池，路基边坡采取土工格室植草护坡、混凝土框格护坡、六棱砖植草护坡或植草防护措施，路基两侧、边坡坡脚、坡顶和分离式道路中间设边沟、截水沟、排水沟、急流槽及排水顺接工程	移栽树木于道路两侧绿化带内，施工结束后，进行土地整治、回覆表土，中央隔离带和道路两侧绿化美化	临时堆土采取拦挡、苫盖等措施，施工期间，部分填方路基边坡采取编织袋装土临时拦挡措施
桥涵工程区	桥台两侧边采取混凝土框格护坡，坡面设急流槽，两侧设浆砌石排水沟	施工结束后，土地整治，植草绿化	桥台两侧设土质截排水沟，灌注桩附近设泥浆池
互通立交工程区	施工前剥离表土集中堆放，施工期间，永临结合设置排水沟、排水沟末端设沉沙池，匝道边坡采取土工格室植草护坡、混凝土框格护坡、六棱砖植草护坡或植草防护措施，匝道两侧边坡坡脚和坡面设边沟、截水沟、排水沟、急流槽及排水顺接工程	施工结束后，进行土地整治、回覆表土，场内和道路两侧空地绿化美化	临时堆土采用编织袋装土拦挡、苫盖等措施；灌注桩附近设泥浆池
附属设施区	施工前剥离表土集中堆放，场内及四周设浆砌石盖板排水沟，挖填边坡撒播草籽护坡	施工结束后，进行土地整治、覆土、景观绿化	临时堆土采取拦挡、苫盖等措施；施工期间，永临结合设置临时排水沟
施工便道区		施工结束后，进行土地整治、撒播草籽绿化	施工期道路一侧设土质排水沟

续表

防治分区	措　施　布　置		
	工程措施	植物措施	临时防护措施
施工生产生活区	施工前剥离表土集中堆放；场内及周围修建砖砌体排水沟，排水沟顺接至自然沟道	施工结束后，进行土地整治、覆土、复耕或栽植灌草绿化	临时堆土用密目网覆盖，场地非硬化区采用彩条布铺盖
弃渣场区	施工前剥离表土集中堆放；堆渣前设浆砌石挡墙或干砌石挡墙；渣场周围设浆砌石排水沟	堆渣结束后，进行土地整治、覆土、栽植灌草绿化	临时堆土用密目网覆盖
取土场区	施工前剥离表土集中存放	取料结束后，进行土地整治、覆土、植草绿化	

（五）主要水土流失防治措施布设

1. 路基工程区

施工期间，部分填方路基边坡采取编织袋装土临时拦挡，永临结合设置排水沟、排水沟末端设沉沙池，路基边坡采取土工格室植草护坡、混凝土框格护坡、六棱砖植草护坡或植草防护措施，路基两侧、边坡坡脚、坡顶和分离式道路中间设边沟、截水沟、排水沟、急流槽及排水顺接工程；施工结束后，进行土地整治、回覆表土，中央隔离带和道路两侧绿化美化。

路基工程区水土流失防治措施布设如图 3-2-76～图 3-2-80 所示。

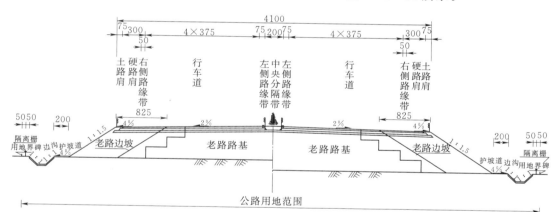

图 3-2-76　路基典型断面图（单位：cm）

图 3-2-77　路基边坡护坡及排水沟

图 3-2-78　路基边坡六棱砖植草护坡

图 3-2-79 路基边坡植草护坡及排水沟

图 3-2-80 路基两侧排水沟

2. 桥涵工程区

施工期间，桥台两侧边采取混凝土框格护坡，坡面设急流槽，两侧永临结合设置土质截排水沟和浆砌石排水沟，灌注桩附近设泥浆池；施工结束后，土地整治，植草绿化。

桥梁施工布置和水土流失防治措施布设如图 3-2-81 所示。

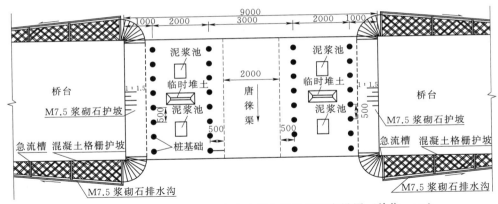

图 3-2-81 桥梁施工布置和水土流失防治措施布设图（单位：cm）

3. 互通立交工程区

施工前剥离表土、集中堆放，采用编织袋装土拦挡、苫盖等临时防护措施；施工期间，永临结合设置排水沟、排水沟末端设沉沙池，匝道边坡采取土工格室植草护坡、混凝土框格护坡、六棱砖植草护坡或植草防护措施，灌注桩附近设泥浆池，匝道两侧边坡坡脚和坡面设边沟、截水沟、排水沟、急流槽及排水顺接工程；施工结束后，进行土地整治、回覆表土、场内和道路两侧空地绿化美化。互通立交工程区水土流失防治措施布设如图 3-2-82 所示。

4. 附属设施区

施工前剥离表土集中堆放，采取拦挡、苫盖等临时防护措施；施工期间，永临结合设置临时排水沟，场内及四周设浆砌石盖板排水沟，挖填边坡撒播草籽护坡；施工结束后，进行土地整治、覆土、景观绿化。

附属设施区水土流失防治措施布设如图 3-2-83 所示。

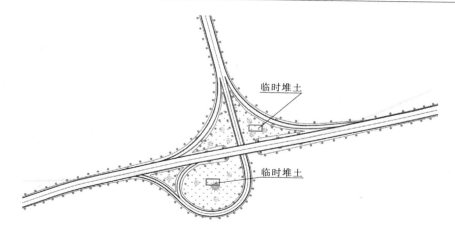

图 3-2-82 互通立交工程区水土流失防治措施布设图

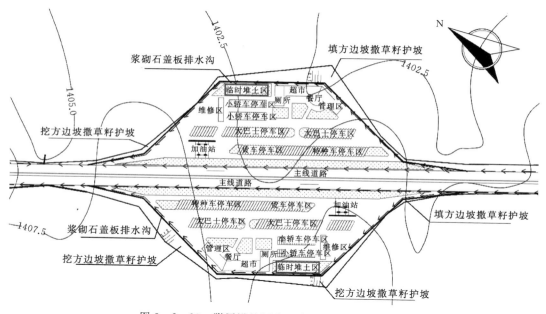

图 3-2-83 附属设施区水土流失防治措施布设图

5. 施工便道区

施工期间，道路一侧设土质排水沟；施工结束后，进行土地整治、撒播草籽绿化。施工便道区水土流失防治措施布设如图 3-2-84 和图 3-2-85 所示。

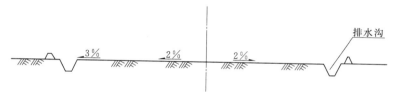

图 3-2-84 平地路段典型断面图

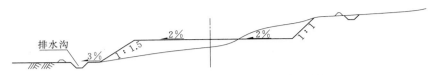

图3-2-85 半填半挖路段典型断面图

6. 弃渣场区

施工前，剥离表土集中堆放并用密目网覆盖；堆渣前设浆砌石挡墙或干砌石挡墙；渣场周围设浆砌石堆排水沟，堆渣结束后，进行土地整治、覆土、栽植灌草绿化。

典型弃渣场（Q4弃渣场）水土流失防治措施布设如图3-2-86～图3-2-89所示。

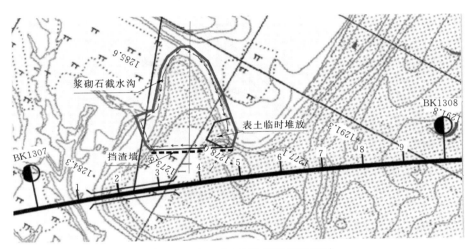

图3-2-86 Q4弃渣场平面布置图

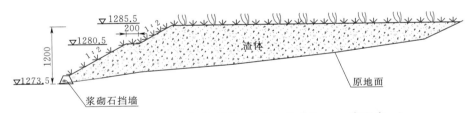

图3-2-87 Q4弃渣场剖面图（单位：尺寸为cm；高程为m）

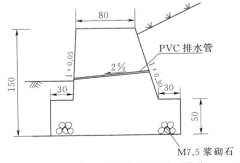

图3-2-88 浆砌石挡墙断面图（单位：cm）

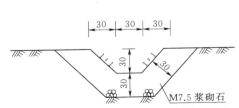

图3-2-89 截水沟断面图（单位：cm）

7. 取土场区

施工前剥离表土，集中存放；取料结束后，进行土地整治、覆土、植草绿化。

典型弃渣取土场（J9 取土场）水土流失防治措施布设如图 3-2-90 和图 3-2-91 所示。

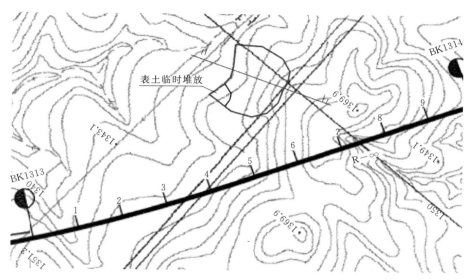

图 3-2-90　J9 取土场平面布置图

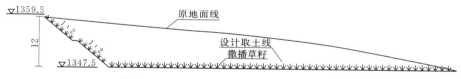

图 3-2-91　J9 取土场剖面图（单位：m）

8. 其他防治分区水土流失防治措施

内容从略。

六、管道工程（以南宁至柳州成品油管道工程为例）

（一）项目概况

南宁至柳州成品油管道工程起自南宁分输泵站（钦南线南宁末站），自西南向东北途经南宁市青秀区、兴宁区、宾阳县、上林县，来宾市兴宾区和柳州市柳江县，终于柳州市区南部柳州末站，全长 184.258km，设计规模为 300 万 t/a，设计管径 406.4mm，工程总投资 6.16 亿元。沿线设置 2 座站场和 11 座阀室，穿越高速公路 94m/2 次，铁路 110m/2 次，大、中型河流 2885m/5 次。

（二）项目区概况

项目区沿线地貌有平地、丘陵和山地，属亚热带季风气候，多年平均气温为 20.4～21.7℃，多年平均降雨量为 1319.0～1543.3mm，10 年一遇 1h 最大降雨量为 40.10～85.10mm，多年平均风速为 1.6～2.3m/s。主要土壤类型为赤红壤和水稻土，地带性植被为亚热带常绿阔叶林。

（三）水土流失防治重点及设计理念

管道工程沿线涉及平地、丘陵、山地等不同地貌，根据不同的地形条件和水土流失特点，采取相应的水土流失防治措施。管线建设不可避免穿越河流、公路、铁路等区域，施工时优先采取定向钻、顶管等施工方法，避免对原有设施的破坏，及时采取临时防护措施。后期恢复结合原土地使用情况，因地制宜进行复耕或恢复植被。

（四）水土流失防治分区和防治措施体系

南宁至柳州成品油管道工程水土流失防治分区和防治措施体系见表3-2-6。

表3-2-6　南宁至柳州成品油管道工程水土流失防治分区和防治措施体系表

项目分区		防治措施		
		工程措施	植物措施	临时措施
施工作业带区	平地区	剥离表土，土地整治，覆土	乔灌草绿化	临时排水、覆盖
	丘陵区	剥离表土，浆砌石护坡、浆砌石框格草皮护坡，浆砌石挡土墙、截（排）水沟、急流槽、沉沙池；浆砌石堡坎、土地整治，覆土	乔灌草绿化、草皮护坡	临时排水、沉沙、挡护、覆盖
	山地区	剥离表土，浆砌石护坡、浆砌石框格草皮护坡，浆砌石挡土墙、截（排）水沟、急流槽、沉沙池；浆砌石堡坎、土地整治，覆土	乔灌草绿化、草皮护坡	临时排水、沉沙、挡护、覆盖
河流及沟渠穿越区		剥离表土，浆砌石护岸，存浆池，土地整治，覆土	撒播草籽绿化	临时排水、沉沙、挡护、覆盖
公路及铁路穿越区		剥离表土，截（排）水沟、土地整治，覆土	行道树，撒播草籽绿化	临时排水、沉沙、挡护、覆盖
施工道路区		剥离表土，混凝土护坡、浆砌石挡土墙，截（排）水沟、排水涵管；土地整治，覆土	行道树，乔灌草绿化、草皮护坡	临时排水、挡护、覆盖
临时堆管场区		土地整治，复耕	撒播草籽绿化	临时排水、铺垫
弃渣场区		剥离表土，浆砌石挡土墙、截（排）水沟、消能设施；土地整治，覆土	草皮护坡，灌草绿化	临时排水、挡护、覆盖
站场阀室区		剥离表土，浆砌石挡土墙、截（排）水沟；碎石覆盖，土地整治，覆土	草皮护坡，景观绿化，撒播草籽绿化	临时排水、沉沙、挡护、覆盖
进站道路区		浆砌石挡土墙、截（排）水沟、土地整治，覆土	草皮护坡，撒播草籽绿化	临时排水、沉沙

（五）主要水土流失防治措施布设

1. 施工作业带区

（1）平地区。施工前剥离表土，与管沟开挖土分层或分块堆在管沟一侧，坡脚设装土编织袋拦挡，防护断面为梯形，上底宽0.4m，下底宽0.6m，高0.5m。结合地形在作业带两侧设置土质排水沟，断面为梯形，底宽30cm，高30cm，边坡比1∶1。施工结束后按顺序回填心土及表土，根据土地原使用情况，复耕或恢复植被。恢复植被的部分，管沟顶部区域撒播草籽绿化，其余施工迹地可灌草结合绿化。植物品种选择坡柳、桃金娘、百喜草和结缕草等，灌木栽植株距2m×2m，草籽撒播密度为80kg/hm²。

平地区管道施工作业带土地整治恢复措施如图 3-2-92～图 3-2-95 所示。

图 3-2-92　水田复耕（平地区）

图 3-2-93　旱地复耕（平地区）

图 3-2-94　恢复草地（平地区）

图 3-2-95　恢复林地（平地区）

（2）丘陵山地区。

1）堡坎挡护工程。管道穿越梯田或阶地地段时，在其平行、垂直穿越处边坡下坡侧设置浆砌石堡坎挡护，防止管道周围土石塌方。

2）管道横坡敷设防护：

a. 边坡不陡于 1∶3.75 时，可直接在斜坡上进行施工作业。

b. 边坡介于 1∶3.75～1∶2.0 之间时，削坡修筑管道作业带。在挖方边坡坡脚设置浆砌石挡土墙，上边缘修建截水沟，并顺接至自然沟道，坡面采用草皮或铺生态袋防护，挡土墙平均高 1.5m，排水沟矩形断面 50cm×50cm，厚 30cm。在填方边坡坡脚设置浆砌石挡土墙，平均高 2.0m。

c. 边坡陡于 1∶2.0 时，削坡修筑管道作业带。对开挖边坡采用浆砌石护坡，厚度 30cm。在上边缘修建截水沟，坡脚修排水沟，并顺接至自然沟道，截排水沟矩形断面 50cm×50cm，厚 30cm。在填方边坡设置浆砌石挡土墙，平均高 2.0m。

3）管道顺坡敷设防护：

a. 边坡不陡于 1∶3.0 时，可直接在斜坡上进行施工作业。局部地段为了防止管线失稳，从坡底开始沿管道每隔 5～8m 设置固定支墩，同时可结合支墩修建挡土墙形成梯田，支墩挡土墙平均高 2.0m，顶宽 0.5m。

b. 边坡介于 1：3.0～1：1.0 之间时，紧贴截水墙沿等高线修建截水沟，并与周边自然沟渠相连，矩形断面 40cm×40cm，厚 30cm。对于较陡的边坡采用浆砌石拱形骨架植草护坡。坡长较大时，每隔 8m 设一宽 1.5m 平台，设置平台排水沟，在坡面一侧设置纵向排水沟，并顺接至周边自然沟渠。平台排水沟矩形断面 40cm×40cm，厚 30cm；纵向排水沟矩形断面 50cm×50cm，厚 30cm。在下边坡处设急流槽，矩形断面，底宽 50cm×沟深 50cm。出口处设沉沙池，采用 MU5.0 砖砌体，尺寸 3.0m×2.0m×1.5m（长×宽×深）。

c. 边坡陡于 1：1.0 时，采用浆砌石护坡，在上边缘修建截水沟，矩形断面 50cm×50cm，厚 30cm。

4）复耕或绿化：管沟施工结束后，对临时占用的耕地和园地进行复耕。开挖管沟部分，复耕前需回覆表土；其余占地只需翻耕表土 20～30cm。管线穿越林区地段，根据立地条件，对管道线路中心线两侧各 5m 范围内地域撒播百喜草和结缕草进行绿化，按 1：1 比例混播，80kg/hm² 密度撒播。对管道线路中心线两侧各 5m 以外的区域采用林草结合的方式进行植被恢复。树种选用枫香和坡柳，草种选用百喜草和结缕草，按 1：1 比例混播，草籽按 80kg/hm² 密度撒播。管线穿越草地地段，按原地貌恢复为草地；撒播百喜草和结缕草进行绿化，按 1：1 比例混播，80kg/hm² 密度撒播。

5）临时措施。雨季施工时，根据沿线地形情况在作业带两侧开挖临时排水沟，采用土沟形式，内壁夯实，梯形断面底宽 30cm，高 30cm，边坡比 1：1。在临时排水沟末端设沉沙池，采用土质，底部尺寸为 3.0m×2.0m（长×宽），深 1.0m，边坡比为 1：0.5，边坡和池底进行夯实，表面铺土工膜。管沟开挖土方须分层开挖、分块堆放在作业带内，当管道横坡敷设时，沿等高线在临时堆土下边坡坡脚设装土编织袋拦挡；当管道顺坡敷设时，从坡底开始沿管道作业带每隔 10～15m 在堆土下边坡侧坡脚布设装土编织袋临时拦挡。装土袋防护断面为梯形，上底宽 0.5m，下底宽 1.0m，高 0.5m。

丘陵山地区管道施工作业带水土流失防治措施布设如图 3-2-96～图 3-2-103 所示。

图 3-2-96 林地恢复植被

图 3-2-97 浆砌石护坡

图 3-2-98　浆砌石挡土墙

图 3-2-99　浆砌石堡坎及挡墙

图 3-2-100　浆砌石护坡及排水沟

图 3-2-101　浆砌石顺接排水沟

图 3-2-102　坡面恢复植被（灌草绿化）

图 3-2-103　坡面恢复植被（铺生态袋）

2. 穿越区

大开挖穿越：穿越中小型河流时，对穿越处两岸管道两侧各 15m 范围的岸堤进行水工保护，采用浆砌石坡式护岸；当河道水流流速大于 5m/s 或者河岸较竖直、放坡有困难时，采用浆砌石挡土墙式护岸。在丘陵及山地区地段，大开挖穿越公路时，在管线汇水面下边缘布设浆砌石截水沟，以拦截坡面汇水对管道的冲刷；大开挖穿越县乡村公路时，会对原有道路排水沟造成破坏，施工结束后，及时按原断面标准恢复道路排水沟。

定向钻穿越：在施工场地周边开挖临时排水沟，采用土沟形式，内壁夯实，梯形断面底宽 30cm，高 30cm，边坡比 1:1。在临时排水沟末端设置沉沙池，共设沉沙池 5 个，沉沙池采用土质，底部尺寸为 3.0m×2.0m（长×宽），深 1.0m，边坡比为 1:0.5，边坡和池底需进行压实，表面铺土工膜。定向钻方式穿越产生的弃渣为泥质浆状物，在出口处修建存浆池，泥浆沉淀后就地填埋恢复原地貌。存浆池底部尺寸为8.0m×3.0m（长×宽），深2.0m，边坡比为1:1，边坡和池底需进行压实，并用土工膜防渗。

顶管穿越：在施工场地周边开挖临时排水沟，采用土沟形式，内壁夯实，临时排水沟长3600m，采用梯形断面，底宽30cm，高30cm，边坡比1:1。在临时排水沟末端设置沉沙池，共设沉沙池5个，沉沙池采用土质，底部尺寸为3.0m×2.0m（长×宽），深1.0m，边坡比为1:0.5，边坡和池底需进行压实，表面铺土工膜。

管道敷设完毕后，在保证管道安全前提下，对施工迹地恢复植被或复耕。

穿越区水土流失防治措施布设如图3-2-104～图3-2-110所示。

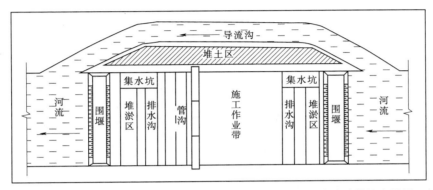

图3-2-104 大开挖穿越河流及沟渠施工场地及水土流失防治措施布设图

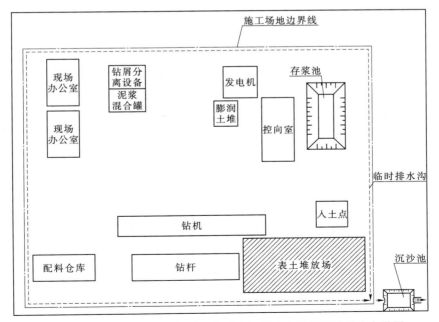

图3-2-105 定向钻施工场地（入土点）及水土流失防治措施布设图

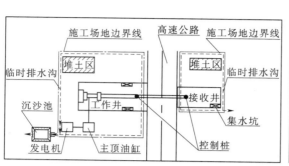
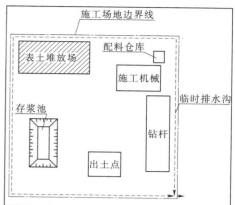

图 3-2-106　定向钻施工场地（出土点）及水土流失防治措施布设图

图 3-2-107　浆砌石护岸（一）

图 3-2-108　浆砌石护岸（二）

图 3-2-109　浆砌石护岸（三）

图 3-2-110　浆砌石护岸及护坡

3. 站场阀室

施工前表土剥离，集中堆放并进行临时挡护，场内外布设排水沟；施工结束施工迹地进行土地整治，覆土绿化。

站场阀室区水土流失防治措施布设如图 3-2-111～图 3-2-114 所示。

图 3-2-111　柳州末站场内绿化

图 3-2-112　柳州末站进站道路周边绿化

图 3-2-113　柳州末站场内排水

图 3-2-114　阀室

4. 其他防治分区水土流失防治措施

内容从略。

七、风电场工程（以广西资源金紫山风电场工程为例）

（一）项目概况

广西资源金紫山风电场工程位于广西桂林市资源县瓜里乡和车田乡接壤处的金紫山，总装机规模 99MW，共安装 66 台 1500kW 风力发电机组，分两期建设，总投资 10.25 亿元。项目建设包括风力发电场、110kV 升压变电站、交通道路以及辅助设施等内容。

（二）项目区概况

项目区位于金紫山海拔 1300m 以上的中山地貌区，地形以山地为主；属亚热带季风湿润气候区，多年平均气温 16.7℃，多年平均降雨量 1774.4mm，10 年一遇 1h 降雨量为 66.1mm，多年平均风速 2.0m/s；土壤类型以红壤和黄壤为主，地带性植被属亚热带常绿阔叶林与落叶阔叶林的过渡类型。

（三）水土流失防治重点及设计理念

风电场建设水土流失主要发生在升压站、风机平台和场内施工道路建设阶段，山区风电场建设往往伴随产生大量弃土弃渣。风电场施工布置首先考虑重复利用现有地形和交通条件，最大程度减少土地占用和破坏，同时优化场平及道路纵向设计，尽量减少土石方挖填及弃渣量。

（四）水土流失防治分区和防治措施体系

金紫山风电场工程水土流失防治分区和防治措施体系见表3-2-7。

表3-2-7　　　　金紫山风电场工程水土流失防治分区和防治措施体系表

防治分区	措施布置		
	工程措施	植物措施	临时防护措施
风力发电厂区	施工前表土剥离，平台四周挖土质挡水坎，坡面设浆砌石排水沟和顺接工程，高陡边坡分级边坡防护，坡脚设置浆砌石挡墙等	风机平台台面及坡面撒播草籽或草皮护坡绿化	临时堆土用装土编织袋拦挡、密目网苫盖
升压站区	施工前表土剥离，高填方边坡设浆砌石挡墙，其他挖填方边坡设混凝土框格护坡，坡脚设浆砌石排水沟；站内综合楼及中控楼周边钢筋混凝土盖板排水沟	站内草皮绿化，办公楼前停车场铺生态砖，围墙外空地植树种草绿化，站外草皮护坡	临时堆土防护等措施
集电线路区		施工结束后撒播草籽绿化	设置临时排水沟
道路建设区	施工前表土剥离，场内道路两侧修建浆砌石排水沟，高陡边坡分级边坡防护，坡脚设置浆砌石挡墙等，坡面设浆砌石排水沟	填方边坡及路旁绿化，采用植物护坡或框格植草护坡	
施工生产生活区		施工场地绿化	施工期临时防护及排水

（五）主要水土流失防治措施布设

1. 风力发电厂区

风力发电厂区主要涉及风力发电机组、箱式变电站及临时吊装平台的台面及周边坡面。风机平台台面及坡面撒播草籽绿化，平台四周挖土质挡水坎，坡面设浆砌石排水沟及顺接工程，高陡边坡分级设置浆砌石挡墙边坡防护措施。

风力发电厂区水土流失防治措施布设如图3-2-115～图3-2-118所示。

图3-2-115　风机平台及边坡绿化

图3-2-116　风机平台周边挡水埂及排水沟

图 3 - 2 - 117　风机平台填方边坡分级挡土墙防护

图 3 - 2 - 118　风机平台排水沟及顺接工程

2. 场内道路

场内道路两侧修建浆砌石排水沟，填方边坡及路旁裸地撒播草籽或移栽本土植物绿化，高陡边坡分级设置挡墙防护，采用植物护坡或框格植草护坡，坡面设浆砌石排水沟。

场内道路区水土流失防治措施布设如图 3 - 2 - 119～图 3 - 2 - 122 所示。

图 3 - 2 - 119　道路填方边坡分级挡墙防护

图 3 - 2 - 120　道路填方边坡浆砌石框格护坡

图 3 - 2 - 121　道路填方边坡分级植草护坡

图 3 - 2 - 122　植草护坡及坡面排水

3. 升压站区

升压变电站高填方边坡设浆砌石挡墙，其他挖填方边坡设混凝土框格护坡或植草护坡，坡脚设浆砌石排水沟；围墙外空地植树种草绿化；站内综合楼及中控楼周边钢筋混凝土盖板排水沟，站内空地铺草皮绿化。升压站办公楼前停车场铺生态砖。

升压站区水土流失防治措施布设如图3-2-123～图3-2-128所示。

图 3-2-123　站内铺草皮绿化（一）

图 3-2-124　站内铺草皮绿化（二）

图 3-2-125　站区西侧填方边坡草皮绿化

图 3-2-126　站区南侧浆砌石挡墙及坡脚排水沟

图 3-2-127　挖方边坡混凝土框格护坡及排水沟

图 3-2-128　站区生态停车场

4．其他防治分区水土流失防治措施

内容从略。

八、输变电工程（以钦州、防城港电厂送出 500kV 输变电工程为例）

（一）项目概况

钦州、防城港电厂送出 500kV 输变电工程包括 5 条输电线路工程和 4 个新（扩）建变电站，涉及广西南宁、防城港、玉林和钦州 4 个市，累计线路全长 535.5km（其中单回路442.5km，双回路 93km），工程总投资 15.1 亿元。

（二）项目区概况

项目区地貌以丘陵、山地为主，属亚热带季风气候区，具有亚热带向热带过渡性质的海洋季风气候特点，多年平均气温 21.4～22℃，多年平均降雨量 1246.6～2532.9mm，10年一遇 1h 降雨量为 80.6～95.6mm；土壤类型主要为红壤和黄壤土，地带性植被属南亚热带季风常绿阔叶林。

（三）水土流失防治重点及设计理念

输变电工程造成的水土流失主要集中在变电站和杆塔施工区。塔基设计时尽量避开陡坡和不良地质段，合理确定基面范围，优先考虑采用原状土基础，尽量采用高低腿塔及主柱加高基础。牵张场尽量选择地势较平坦的荒草地，施工时采取铺垫措施，避免破坏原地貌植被。

（四）水土流失防治分区和防治措施体系

钦州、防城港电厂送出 500kV 输变电工程水土流失防治分区和防治措施体系见表 3－2－8。

表 3－2－8　钦州、防城港电厂送出 500kV 输变电工程水土流失防治分区和防治措施体系表

防治分区		措施布置		
		工程措施	植物措施	临时防护措施
线路工程	杆塔施工区	位于坡地处塔基开挖回填边坡坡脚砌筑挡墙，边坡采用浆砌石或植物措施进行边坡防护；在塔基上坡设置浆砌石截排水沟	施工结束后恢复植被或复耕	施工场地周围设临时排水沟，临时堆土采用装土编织袋拦挡、密目网苫盖
	堆料场及牵张场区		施工结束后恢复植被或复耕	施工期场地用彩条布临时铺垫
	施工道路区	根据地形对边坡防护和设浆砌石排水沟	施工结束后恢复植被或复耕	根据地形设临时排水沟
	临时跨越区		施工结束后恢复植被	
变电站工程	新建变电站区	填方边坡设浆砌石挡墙，边坡采用浆砌石框格草皮护坡，站区周边设截排水沟及顺接工程	站区景观绿化	临时堆土采用编织袋拦挡、密目网苫盖，站区设临时排水沟及沉沙池
	扩建间隔区		构支架下铺草皮	临时堆土采用编织袋拦挡、密目网苫盖
	进站道路区	道路两侧设浆砌石排水沟，边坡采用浆砌石框格草皮护坡	两侧施工迹地绿化	

（五）主要水土流失防治措施布设

1. 杆塔施工区

位于丘陵山地处的杆塔，沿塔基周围自然山坡或基面挖方后的缓坡面用块石砌筑护坡；在山区塔基开挖基面或基础临空面边坡砌筑挡墙护脚；在塔基上坡侧依山势设置环状浆砌石截排水沟。施工结束后恢复植被或复耕。

杆塔施工区水土流失防治措施布设如图 3-2-129～图 3-2-134 所示。

图 3-2-129　杆塔塔基挡土墙

图 3-2-130　塔基边坡截水沟

图 3-2-131　塔基施工区排水沟

图 3-2-132　杆塔边坡排水沟

图 3-2-133　杆塔施工区复耕

图 3-2-134　基坑余土回填连梁内恢复植被

2. 变电站区

变电站及进站道路的挖填边坡采用浆砌石框格草皮护坡，设置浆砌石截排水沟。站前区栽植灌木及草皮绿化，构支架区铺草皮绿化。

变电站区（以500kV邕州变电站为例）水土流失防治措施布设如图3-2-135～图3-2-140所示。

图3-2-135 站前区绿化

图3-2-136 出线架构下绿化

图3-2-137 站区东南侧排水沟

图3-2-138 进站道路护坡及挡土墙

图3-2-139 站区北侧护坡及排水沟

图3-2-140 站区东南侧护坡

3. 牵张场区和施工道路区

牵张场施工结束后清理场地，恢复植被；施工道路使用结束后，除了留用外，对施工道路撒播草籽恢复植被。

牵张场和施工道路区施工迹地恢复措施如图 3-2-141 和图 3-2-142 所示。

图 3-2-141　牵张场施工场地植被恢复

图 3-2-142　施工道路区植被恢复

4. 其他防治分区水土流失防治措施内容从略。

第四章 水 土 保 持 监 理

第一节 水土保持工程建设合同管理

一、合同及合同管理

（一）合同

合同是指两个或两个以上当事人之间为实现一定的目的，明确权利、义务关系的协议。经济合同是平等民事主体的法人、其他经济组织、个体工商户、农村承包经济户相互之间为实现一定经济目的、明确相互权利义务关系的协议，也是当事人双方从自身经济利益出发，根据国家法律、法令、计划要求，遵照平等自愿、互利的原则，彼此协商所达成的有关经济活动内容的共同遵守的协议。

1. 合同的三要素

从合同的法律关系来看，还可以把合同中的主体、标的、权利义务概括为合同的基本要素。

（1）主体。这是合同法律关系的参加者，也是民事权利义务的承担者。在民事法律关系中享有权利的一方称为权利主体，负担义务的一方称为义务主体。在合同的法律关系中，一方有权利，他方必有相应的义务。

（2）标的。标的是合同双方当事人的权利和义务共同指向的对象，在法律上也是双方所指明的客体。合同中的标的是当事人行为的始终目的和目标，没有共同拟定的标的，或标的不明确，合同就无法履行，也就等于没有指定对象，离开标的合同就不能成立。

（3）权利义务。在合同中权利义务是相对而言的。所谓"权利"是指当事人依法享有权利和利益；所谓"义务"就是当事人对社会对他人所负的一种责任。权利义务的关系反映了合同中的当事人所处的地位及其相互关系，合同法律关系的最重要的特征就是双方当事人之间存在着权利与义务的联系。

2. 合同的形式与种类

（1）从法律行为的形式上分类：

1）口头形式。口头合同，就是双方当事人之间通过对话的方式而订立的合同。在商品交换中，一般凡是能即时清结的，都以口头合同形式进行。

2）书面形式。书面合同是指合同书、信件和数据电文（包括电报、电传、电子数据交换和电子邮件）等文字表达当事人双方协商一致而签订的合同。

（2）依据不同的规定、作用、性质分类：

1）以合同成立为依据，可分为计划合同与非计划合同。计划合同是国家根据需要向企业下达指令性计划的，非计划合同是不以国家计划为前提，而以市场经济为基础，当事人之间自由设定而签订的合同。

2）以合同期长短为依据，可分为长期合同和短期合同。长期合同，是指合同期在一年以上的合同；短期合同，是指合同期不超过一年的合同。

3）总合同和分合同。总合同是指当事人双方执行跨年度或工作项目跨行业的，并以经济内容关联性而成立的总体协议。分合同是指依据总合同当事人或承建单位与分包人为完成具体任务而签订的合同。

4）主合同与从合同。主合同是指不以其他合同的存在为前提而独立成立和独立发生效力的合同。从合同是依据其他合同的存在为前提而成立并发生效力的合同。

3. 合同的内容和主要条款

（1）合同的内容。合同的内容指由合同当事人约定的合同条款。当事人订立合同，其目的就是要设立、变更、终止民事权利义务关系，必然涉及彼此之间具体地权利和义务，因此，当事人只有对合同内容具体条款协商一致，合同方可成立。

（2）合同的主要条款：

1）当事人的名称或姓名和住所。

2）标的。

3）数量和质量。

4）价款或酬金。

5）履行期限、地点和方式。

6）违约责任。

7）根据法律规定或按合同性质必须具备的条款，以及当事人一方要求必须规定的条款。

8）解决争议的方法。

（3）合同一般条款的法理解释：

1）当事人的名称或者姓名和住所。当事人的名称或者姓名是指法人和其他组织的名称，住所是指它们的主要办事机构所在地。

2）标的。标的是指合同当事人双方权利和义务共同指向的事务，即合同法律关系的客体。标的可以是货物、劳务、工程项目或者货币等。依据合同种类的不同，合同的标的也各有不同。例如，买卖合同的标的是货物；水土保持工程建设合同的标的是工程建设项目；委托合同的标的是委托人委托受托人处理委托事务等。

3）标的是合同的核心，它是合同当事人权利和义务的焦点。尽管当事人双方签订合同的主管意向各有不同，但最后必须集中在一个标的上，因此当事人双方签订合同时，首先要明确合同的标的，没有标的或者标的不明确，必然会导致合同无法履行，甚至产生纠纷。

4）数量。数量是计算标的的尺度。它把标的定量化，以便确立合同当事人之间权利和义务的量化指标，从而计算价款或报酬。国家颁布了《关于在我国统一实行法定计量单位的命令》。根据该命令的规定，签订合同时，必须使用国家法定计量单位，做到计量标准化、规范化。如果计量单位不统一，一方面会降低工作效率，另一方面也会因发生误解而引起纠纷。

5）质量。质量是标的物内在特殊物质属性和一定的社会属性，是标的物性质差异的具体特征。它是标的物价值和使用价值的集中表现，并决定着标的物经济效益和社会效益，还直接关系到生产的安全和人身的健康等。因此，当事人签订合同时，必须对标的物的质量作出明确的规定。标的物的质量，可按准国际标准、国家标准、行业标准、地方标准、企业标准签订。

6）价款或者报酬。价款通常是当事人一方为取得对方出让的标的物，而支付给对方一定数额的货币；报酬通常是指当事人一方为对方提供劳务、服务等，从而向对方收取一定数额的货币报酬。

7）履行期限。履行期限是指当事人交付标的和支付价款或报酬的日期，也就是依据合同的约定，权利人要求义务人履行义务的请求权发生的时间。合同的履行期限，是一项重要条款，当事人必须写明具体的履行起止日期，避免因履行期限不明确而产生纠纷。倘若合同当事人在合同中没有约定履行期限，只能按照有关规定处理。

8）履行地点。履行地点是指当事人交付标的和支付价款或报酬的地点。它包括标的的交付、提取地点；服务、劳务或工程项目建设的地点；价款或报酬结算的地点等。合同履行地也是一项重要条款，它不仅关系到当事人实现权利和承担义务的发生地，还关系到人民法院受理合同纠纷案件的管辖地问题。因此，合同当事人双方签订合同时，必须将履行地点写明，并且要写得具体、准确，以免发生差错而引起纠纷。

9）履行方式。履行方式是指合同当事人双方约定以哪种方式转移标的物和结算价款。履行方式应视所签订合同的类别而定。例如，买卖货物、提供服务、完成工作合同，其履行方式均有所不同。此外在某些合同中还应当写明包装、结算等方式，以利合同的完善履行。

10）违约责任。违约责任是指合同当事人约定一方或双方不履行或不完全履行合同义务时，必须承担的法律责任。违约责任包括支付违约金、偿付赔偿金以及发生意外事故的处理等其他责任。法律有规定责任范围的按规定处理；法律没有规定责任范围的，由当事人双方协商办理。违约责任条款是一项十分重要而又往往被人们忽视的条款，它对合同当事人全面履行具有法律保障作用，是一项制裁性条款，因而对当事人履行合同具有约束力。当事人签订合同时，必须写明违约责任。否则，有关主管机关不予登记、公证机构不予公证。

11）解决争议的方法。解决争议的方法是指合同当事人选择解决合同纠纷的方式、地点等。根据我国法律的有关规定，当事人解决合同争议时，实行"或裁或审制"，即当事人可以在合同中约定选择仲裁机构或人民法院解决争议；当事人可以就仲裁机构或诉讼的管辖机关的地点进行议定选择。当事人如果在合同中既没有约定仲裁条款，事后又没有达成新的仲裁协议，那么，当事人只能通过诉讼的途径解决合同纠纷，因为起诉权是当事人的法定权利。

4. 合同的订立与变更

（1）合同的订立。合同的订立，是指双方（或多方）当事人依照法律规定，就合同的主要条款内容进行协商，在取得一致意见的基础上签字，正式确立相互之间权利义务关系的过程。合同依法成立，即具有法律约束力，当事人必须全面履行合同规定的义务，任何一方不得擅自变更或解除合同。

1）要约。要约是希望和他人订立合同的意思表示。提出要约的一方为要约人，结算要约的一方为受要约人。要约应当具有以下条件：①内容具体确定；②表明经受要约人承诺，要约人即受该意思表示约束。具体地讲，要约必须是特定人的意思表示，必须是以缔结合同为目的。要约必须是对相对人发出的行为，必须由相对人承诺，虽然相对人的人数可能为不特定的多数人。另外，要约必须具备合同的一般条款。

2）承诺。承诺是受要约人做出的同意要约的意思表示。承诺具有以下条件：

a. 承诺必须受要约人作出。非受要约人向要约人作出的接受要约的意思表示是一种要约而非承诺。

b. 承诺只能向要约人做出，非要约对象向要约人作出的完全接受要约意思的表示也不是承诺，因为要约人根本没有与其订立合同的意愿。

c. 承诺的内容应当与要约的内容一致。受要约人对要约的内容作出实质性变更的视为新要约。

d. 承诺必须在承诺期限内发出。超过期限，除要约人及时通知受要约人该承诺有效外，为新要约。

（2）合同的变更和解除：

1）合同的变更。合同的变更是指当事人约定的合同的内容发生变化和更改，即权利和义务变化的民事法律行为。

2）合同的解除。合同的解除是指当事人双方或多方对原来订立的合同，提前终止其法律效力所达成的协议。

3）合同变更和解除的条件。凡发生下列情况之一者，允许变更和解除合同：

a. 当事人双方经协商同意，并且不因此损害国家利益和社会公共利益。

b. 由于不可抗力致使合同的全部义务不能履行。

c. 由于另一方在合同约定的期限内没有履行合同。

属于后两种情况的，当事人一方有权通知另一方解除合同。因变更或解除合同使一方遭受损失的，除依法可以免除责任的以外，应由责任方负责赔偿。

（二）合同管理

在水土保持建设中，合同管理是项目管理的核心，合同管理的好坏不仅关系到工程项目能否顺利按时完成，而且也是工程投资、进度、质量控制的一种手段。合同文件是合同管理的基本依据，采用通用性很强的示范合同，对规范当事人的签约行为，明确当事人的各种权利和义务，避免不公平条款，具有十分重要的意义。

二、水土保持工程建设合同

水土保持工程建设合同一般包括设计合同、施工合同和监理合同。设计合同和监理合同属于技术合同，施工合同属于工程建设合同。

（一）设计合同

设计合同是委托方根据国家规定的程序和上级批准的投资计划及计划任务书与设计单位签订的明确相互权利和义务的协议。工程项目可行性研究编制合同和开发建设项目水土保持方案编制合同也属于设计合同。

可行性研究报告和水土保持方案是在水土保持项目立项建议书得到上级批准或开发建

设项目已经立项的情况下，由项目建设单位委托具有相应资质的设计单位编制的，旨在说明水土保持工程建设总体安排，以及其在技术上是否可行、经济上是否合理的技术性文件。它是下一步开展水土保持工程初步设计的主要依据。其主要内容包括工程范围、编制原则、建设目标、经费估算等。

初步设计是根据已批准的可行性研究报告和准确的设计资料，对设计对象进行全面系统的研究分析，阐明其工程项目在技术上的可行性和经济上的合理性，规定各项基本技术参数，同时编制项目的总概算。

施工图设计的内容，主要是根据批准的初步设计，绘制出正确、完整和尽可能详尽的施工图纸。

（二）施工合同

施工合同是为完成特定的工程项目，明确相互权利、义务关系的协议，它的标的是建设工程项目。施工合同文件是施工合同管理的依据，它由如下部分组成：协议书、中标通知书、投标报价书、专用合同条款、通用合同条款、技术条款、图纸、已标价的工程量清单、经双方确认进入合同的其他文件。

（三）监理合同

监理委托合同是建设单位在选定了工程建设监理单位之后，双方为了更好地履行各自的职责，确保工程按计划实施，而根据国家有关规定签订的、明确相互权利和义务的协议。

监理委托合同简称监理合同，包括设计监理合同、安装监理合同、施工监理合同和环境监理合同等。目前水土保持工程建设中常见的是施工监理合同。

施工监理合同的主要内容包括：合同当事人的名称和住所，监理工程项目名称，监理的范围与内容，双方的权利、义务和责任，应提供的工作条件，保密内容及措施，监理费的计取与支付，违约责任，奖励和赔偿，合同生效、变更和终止，争议的解决方式，双方约定的其他事项。

三、水土保持工程建设合同管理

（一）合同管理

合同管理是指监理单位依据法律、性质法规和规章制度，通过法律手段和经济手段，对合同关系进行组织协调，维护合同当事人的合法权益，处理合同执行中的纠纷，防治违法行为等一系列活动。

1. 合同管理的依据及任务

按照合同要求，在设计阶段、施工招标阶段、施工阶段和保修阶段，监理单位应从投资、进度、治理目标控制的角度，依据有关法律、法规、办法、条例、合同文件，认真处理好合同签订事宜，分析工程项目实施过程中出现的违约、变更、索赔、延期、分包、纠纷调解和仲裁等问题。

2. 水土保持工程合同管理的特点

水土保持工程分为水土保持生态工程和开发建设项目水土保持工程。前者属于公益性建设项目，投资水平限制，工程建设效益往往表现为国家或区域生态环境效益，这就使得水土保持生态工程项目建设具有国家强制性和非完全市场化的管理和运作，其建立合同管理与其他市场化的建设工程合同管理相近或相似。这就决定了水土保持工程建设项目合同管理有符合市场经济规律的合同管理和国家强制性行政计划合同管理两个类型。

水土保持生态工程建设合同管理具有以下特点：

（1）合同主体不明确。水土保持生态工程属公益性建设项目，国家投资，地方匹配，群众投入，全民受益，投资的主体多元化，合同主体不明确。

（2）责任主体复杂。工程项目建设中往往是施工主体多样，有的是企业、事业单位施工的，也有专业队施工的，还有农民大户或联户施工的，水土保持工程建设项目监理合同的责任主体复杂，合同管理难度大。

（3）合同客体内容多样。合同客体包括建设基本农田、造林、种草、生态修复和淤地坝、拦渣坝、坡面水系建设等。客体多样，监理方法各异，增加了合同管理难度。

开发建设项目水土保持工程建设合同管理除上述合同客体内容多样外，与其他水利工程类同。

（二）规划设计阶段合同管理

审查合同的主要条款应具备以下主要条款：一是建设单位名称、规模、投资额、建设地点。二是委托单位提供资料的内容、技术要求和期限；施工单位规划范围、进度和质量；设计阶段、进度、质量和设计文件的份数。三是设计工作的取费依据、取费标准和拨付办法。四是违约责任。

（三）施工及保修阶段合同管理

施工合同管理是指水土保持建设主管机关、相应的金融机构，以及建设单位、监理单位、承包企业依照法律和行政法规、规章制度，采取法律的、行政的手段，对施工合同关系进行组织、指导、协调和监督，保护施工合同当事人的合法权益，处理施工合同纠纷，防止和制裁违法行为，保证施工合同法规的贯彻实施等一系列活动。

施工合同管理的作用主要体现在：①可以促使合同双方在相互平等、诚信的基础上依法签订切实可行的合同；②有利于合同双方在合同执行过程中相互监督，确保合同顺利实施；③合同中明确规定了双方具体的权利和义务，通过合同管理确保合同双方严格执行；④通过合同管理，增强合同双方履行合同的自觉性，使合同双方自觉遵守法律规定，共同维护当事人双方的合法权益。

在施工及保修阶段，水土保持生态建设工程施工合同条件应按照《水利水电土建工程施工合同条件》规定执行。开发建设项目水土保持工程应结合本行业的规定参照执行。根据以上合同条件水土保持工程施工、保修阶段合同管理的主要内容如下。

1. 在工期管理方面

按合同规定，要求承包人提交施工总进度计划，并在规定的期限内批复，经批准的施工总进度计划（称合同进度计划），作为控制工程进度的依据，并据此要求承包人编制年、季和月进度计划，并加以审核；按照年、季和月进度计划进行实际检查；分析影响进度计划的因素，并加以解决；不论何种原因发生工程的实际进度和合同进度计划不符时，要求承包人提交一份修订的进度计划，并加以审核；确认竣工日期的延误等。

2. 在质量管理方面

检验工程使用的材料、设备质量；检验工程使用的半成品及构件质量；按合同规定的规范、规程、监督检验施工质量；按合同规定的程序，验收隐蔽工程和需要中间验收工程的质量；验收单项竣工工程和全部竣工工程的质量等。验收完后，在规定期限内，因勘察、设计、施工等原因造成质量缺陷，应按合同规定负责维修。

3. 在费用管理方面

严格对合同工约定的价款进行管理；对预付工程款的支付与扣还进行管理；对工程进行计量，对工程款的结算和支付进行管理；对变更价款进行管理；按约定对合同价款进行调整，办理竣工结算；对保留金进行管理等。

第二节 水土保持工程建设质量控制

一、工程质量控制

（一）工程质量

水土保持工程质量是指国家和行业的有关法律、法规、技术标准、设计文件和合同中，对水土保持工程的安全、适用、经济、美观等特性的综合要求，包括设计质量、施工质量、供应材料质量等。

（二）质量控制

质量控制就是指为保证某一产品、过程或服务满足规定的质量要求所采取的作业和技术活动。水土保持工程质量控制，实际上就是对水土保持工程在可行性研究、勘测设计、施工准备、建设实施、后期运行等各阶段、各环节、各因素的全过程、全方位的质量监督控制。

二、工程项目各阶段的质量控制

（一）设计阶段的质量控制

经批准的水土保持工程可行性研究报告和开发建设项目水土保持方案，是项目设计阶段质量控制的主要依据。它包括审核设计纲要和设计文件，从而保证项目设计既符合项目规定的质量要求，又符合工程规范和有关技术标准要求，还符合现场和施工实际条件以及各工程设计之间的相互协调。

1. 外业调查和调绘工作的质量控制

在设计阶段，监理机构首先应该要求设计单位按照合同规定的进度，完成现场调查、调绘与资料收集工作；其次，必须督促设计单位将外业调查与调绘、资料收集的基本工作量进行分解，并编入设计工作大纲，按照设计单位提交并经审查批准的设计大纲，检查督促设计工作的质量与进度。

2. 勘测工作的质量控制

水土保持工程勘测工作，主要通过对地形、地质资料分析和实地查勘，在此基础上，测量地形图，作为设计的基础工作，其深度与质量直接影响设计工作的质量。因此，设计单位必须按照合同规定，全面完成现场勘测的工作量。监理工程师必须按照合同与设计任务大纲的进度与工作量要求，检查督促勘测工作的进度和质量。

3. 水土保持措施设计质量的控制

水土保持措施配置的合理性审查，是控制设计质量的重要步骤。审查按照设计任务书和设计大纲的目标要求，使设计的水土保持治理措施配置方案同时满足项目建设各个目标的实际需要。对设计中存在的有关问题，提出质询和具体的修改意见，要求设计单位作出解释和进行修正，以保证通过治理措施配置方案的审核使设计满足设计大纲的有关要求，符合国家有关水土保持工程建设的方针、政策。

4. 设计图表及设计文件的质量控制

监理工程师应该通过审核设计单位提交的设计图表和设计文件内容的正确性、完整性、一致性，审核各单项工程的典型设计或标准设计是否符合设计深度的要求，来保证设计成果的质量。图纸的审核主要侧重于各项设计是否符合规定的质量标准和要求，审核概预算文件是否符合投资限额的要求等。

（二）施工阶段的质量控制

通过参与施工招标工作，优选承建单位，并派驻现场监理工程师进行现场施工监理，审核施工方案，控制原材料质量，检查工序质量，从而保证工程施工符合规范和合同规定的质量要求。按工程质量形成的时间阶段划分，施工项目质量控制可分为施工前准备阶段的质量控制、施工过程中的质量控制、质量的事后控制。

1. 施工准备阶段的质量控制

在施工准备阶段，监理人员应对承包人的准备工作进行全面的检查及控制。

（1）对施工队伍及人员质量的控制。监理人员开工前应审查承包人的施工队伍及人员的技术资质与条件是否符合要求，经审查认可后，方可上岗施工。不符合的人员，监理人有权要求撤换，或经过培训合格后，经监理人认可后可执行上岗。审查的重点一般是施工组织者、管理者以及特殊专业工种和关键的施工工艺、技术、材料等方面的操作者的能力素质。

（2）对施工材料的质量控制。

1）植物措施（林草措施）材料质量的控制。主要对造林种草使用的苗木及种子的质量进行控制。苗木的生长年龄、苗高与地径等必须符合设计和有关标准的要求。苗木出圃前，应由监理工程师或当地有关专业部门对苗木的质量进行测定，并出具检验合格证书，苗木出圃起运至施工场地，监理工程师或施工技术人员应及时对苗木的根系和枝梢进行抽样检查，检查合格后才允许使用，育苗、直播造林造草使用的种子，应有当地种子检验部门出具的合格证书，播种前，应进行纯度测定和发芽率试验，符合设计和有关标准要求才能签发合格证进行播种。

2）工程措施材料质量的控制。按照国家规定，建筑材料，预制件的供应商应对供应的产品质量负责。供应的产品必须达到国家有关法规、技术标准和购销合同规定的质量要求，要有产品检验合格证、说明书及有关技术资料。

因此，原材料和成品到场后，施工单位应对到场材料和产品，按照有关规范和要求进行检查验收，填写建筑材料报验单，详细说明材料来源、产地、规格、用途及施工单位的试验情况等。报验单填好后，连同材料出厂质量保证书和检验资质单位的试验报告，一并报送监理机构审核。

（3）对施工方案、方法和工艺的控制。主要审查组织体系及质量管理体系是否健全；施工总体布置是否符合规定，是否能保证施工顺利进行，是否有利于保证质量，认真审查施工环境状况以及可能在施工中对质量安全带来不利的影响；审核施工组织设计措施，能否保证工程质量，审核施工单位提交的施工计划及施工方案、检查施工程序、施工方法是否合理可行，施工机械设备及人员配备与组织能否满足质量及进度的需要。

（4）工程施工测量放样的质量控制。工程施工测量放样是工程建设由设计转化为实物的第一步，施工测量质量的好坏直接影响工程的最终质量及相关工序的质量，因而监理人员应要求承包人对于给定的原始基准点、基准线和参考高程控制点进行复核，经审核批准后，承包人方能据以进行准确的测量放线。

（5）建立监理人员质量监控体系。为保证工程质量目标的顺利实现，还应建立完善的监理人员质量监控体系，做好监控工作，使之适应施工项目质量监控的需要。

（6）组织设计交底与图纸审核。设计图纸是监理单位、设计单位和施工单位进行质量控制的重要依据。为使施工单位尽快熟悉图纸，同时也为了在施工前及时发现和减少图纸的错误，开工前，由监理工程师组织施工单位和设计单位代表参加设计交底。首先，由设计单位介绍设计意图、结构特点、施工及工艺要求，技术措施和有关注意事项等关键问题。如有关地形地貌、水文气象、工程地质条件，施工图设计依据、设计图纸、设计特点、采用的设计规范、设计思想、施工进度与工期安排等内容。然后由施工单位提出图纸中存在的问题和疑点以及需要解决的技术难题。通过三方研究商讨后，拟定出解决的方法，并写出会议纪要，以作为对设计图纸的补充。

此外，监理工程师应对施工图纸进行审查，主要审查施工图设计者资格及图纸审核手续是否符合规定要求，是否经设计单位正式签署；图纸与说明书是否齐全，是否符合监理大纲提出的要求；图纸中有无矛盾之处，表示方法是否清楚和符合标准；地质及水文地质等基础资料是否充分、可靠；所需材料来源有无保证，能否替代；所提出的施工工艺、方法是否切合实际，能否满足质量要求，是否便于施工；施工图或说明书中所涉及的各种标准、图册、规范、规程等，施工单位是否具备。

（7）做好施工场地及道路条件的保障工作。为保证施工单位能尽早进入施工现场，监理工程师应使项目法人按照施工单位施工的需要，及时提供所需的场地和施工通道以及确保水、电、通信线路已经开通，否则，应敦促项目法人努力实现。

当施工现场的各项准备工作经监理工程师检查合格后，即发布书面的开工指令。

2. 施工过程中的质量控制

首先，对施工单位的质量控制自检系统进行监督，使其能在质量管理中始终发挥良好作用。如在施工中发现不能胜任的质量控制人员，可要求承包人予以撤换；当其组织不完善时应促使其改进完善。

监督与协助承包人完善工序质量控制。由于工程实体质量是在施工过程中形成的，而不是最后检验出来的。施工过程是由一系列相互联系和制约的工序构成的，工序是人员、材料、机械设备、施工方法和环境等因素对工程质量综合作用的过程，所以对施工过程的质量监控，必须以工序质量控制为基础和核心，落实在各项工序的质量监控上，设置质量控制点，严格质量监控。

（1）工序质量监控的主要内容。工序质量监控主要包括工序活动条件的监控和对工序活动效果的监控。

1）工序活动条件的监控。所谓工序活动条件的监控就是指对影响工程生产因素进行控制。工序活动条件的监控是工序质量控制的手段。尽管在开工前对生产活动条件已进行了初步控制，但在工序活动中有的条件还会发生变化，使其基本性能达不到检验指标，这正是生产过程质量不稳定的重要原因。因此，只有对工序活动条件进行控制，才能达到工程或产品的质量性能特性指标的控制。工序活动条件包括的因素较多，要通过分析，分清影响工序质量的主要因素，抓住主要矛盾，逐渐予以调节，以达到质量控制的目的。

2）工序活动效果的监控。主要反映在对工序产品质量性能的特征指标的控制上。通过对工序活动的产品采取一定的检测手段进行检验，根据检验结果分析、判断该工序活动的质量效果，从而实现对工序质量的控制，其步骤如下：①工序活动前的控制，主要要求子样进行质量检验；②应用质量统计分析工具（如直方图、控制图、排列图等）对检验所得的数据进行分析，找出这些质量数据所遵循的规律；③根据质量数据分布规律的结果，判断质量是否正常；④若出现异常情况，寻找原因，找出影响工序质量的因素，尤其是那些主要因素，采取对策和措施进行调整；⑤再重复②～④的步骤，检查调整效果，直到满足要求为止，这样便可达到控制工序质量的目的。

（2）工序质量监控实施要点。监理人员对工序活动质量监控时，应先确定质量控制计划，它是以完善的质量监控体系和质量检查制度为基础，一方面工序质量控制计划要明确规定质量监控的工作程序、流程和质量检查制度，另一方面需进行工序分析，在影响工序质量的因素中，找出对工序质量产生影响的重要因素，进行主动地、预防性的重点控制。

（3）质量控制点的设置。质量控制点的设置是进行工序质量预防控制的有效措施。质量控制点是指为保证工程质量而必须控制的重点工序、关键部位、薄弱环节。监理人应督促承包人在施工前，全面、合理地选择质量控制点，并对承包人设置质量控制点的情况及拟采取的控制措施进行审核。必要时，应对承包人的质量控制实施过程进行跟踪检查或旁站监督，以确保质量控制点的施工质量。在水土保持工程建设中，特别是工程措施，如治沟骨干坝、拦渣坝、坡面水系工程，在建设时必须设置工程质量控制点。质量控制点的设置原则主要有以下几方面：

1）关系到工程结构安全性、可靠性、耐久性和使用性的关键质量特性、关键部位或重要影响因素设置质量控制点。

2）有严格工艺要求，对下道工序有严重影响的关键质量特性、部位设置质量控制点。

3）对质量不稳定、出现不合格品的项目设置质量控制点。

（4）工程质量控制点的设置。在实际工程实施控制中，通常是由承包人在分项工程施工前制定施工计划时，就选定设置质量控制点，并在相应的质量计划中进一步明确哪些是见证点，哪些是停止点。所谓见证点和停止点是国际上对于重要程度不同及监督控制要求不同的质量控制对象的一种区分方式。见证点监督也称为 W 点监督。凡是被列为见证点的质量控制对象，在规定的控制点施工前，施工单位应提前 24h 通知监理人员在约定的时间内到现场进行见证并实施监督。如监理人员未按约定到场，施工单位有权对该点进行相应的操作和施工。停止点也称为待检点或 H 点，它的重要性高于见证点，是针对那些由于施工过程或共享施工质量不易或不能通过其后的检验和试验而充分得到论证的而言。凡被列入停止点的控制点，要求必须在该控制点来临之前 24h 通知监理人员到场实施监控，如监理人员未能在约定时间内到达现场，施工单位应停止该控制点的施工，并按合同规定等待监理方，未经认可不能超过该点继续施工。

在施工过程中，加强旁站和现场巡查的监督检查；严格实施隐蔽式工程工序间交接检查验收、工程施工预检等检查监督；严格执行对成品保护的质量检查。只有这样才能及早发现问题，及时纠正，防患于未然，确保工程质量，避免导致工程质量事故。

3. 施工阶段的事后控制

对施工过程中已完成的产品质量的控制，是围绕工程验收和工程质量评定为中心进行的。

对于施工过程完成的中间验收，先由承包人进行自检，确认合格后再向监理人提交中期交工证书，请求监理人予以检查、确认，监理人按合同文件要求，根据施工图纸及有关文件、规范、标准等，从产品外观、几何尺寸及内在质量等方面进行审核验收。

在项目完成后，施工单位在竣工自检合格后，向监理人提交竣工验收所需文件资料、竣工图纸，并提出竣工验收申请。监理人在收到竣工验收申请后，应认真审查承包人提交的竣工验收文件资料的完整性及准确性，同时，根据提交的竣工图，与已完工程有关技术文件对照进行核查。另外，监理人须参与拟验收工程项目的现场初验，如有问题须指令施工单位处理。当拟验收项目初验合格后，上报项目法人，并组织项目法人、承包人、设计单位和政府质量监督部门进行正式竣工验收，及进行质量等级评定工作。

（三）保修期阶段的质量控制

1. 对工程质量的检查分析

监理机构对发现的质量问题进行归类，并及时将有关内容通知施工单位加以解决。

2. 对工程质量问题责任进行鉴定

在保修期间，监理机构对工程遗留的质量问题，认真查对设计资料和有关竣工验收资料，根据下列几点分清责任：

（1）凡是施工单位未按有关规范、标准或合同、协议、设计要求施工，造成的质量问题由施工单位负责。

（2）凡是由于设计原因造成的质量问题，施工单位不承担责任。

（3）凡是因材料或构件的质量不合格造成的质量问题，属施工单位采购的，由施工单位负责；属建设单位采购的，当施工单位提出异议时，建设单位坚持的，施工单位不承担责任。

（4）因干旱、洪水等自然灾害造成的事故，施工单位不承担责任。

（5）在保修期内，不管谁承担责任，施工单位均有义务进行修补。

3. 对修补缺陷的项目进行检查

监理工程师要像控制正常工程一样，及时对修补项目按照规范、标准、合同设计文件等进行检查，抓好每一个质量环节的质量控制。

三、工程质量事故的处理

在工程建设的过程中，造成工程质量事故的原因多种多样，大致可以归纳为以下几个方面：①违反建设程序与管理制度；②外业调查勘测或基础处理失误，导致相应配置的治理措施不合理；③设计方案和设计计算失误；④使用材料以及构件不合格；⑤施工与管理失控。

（一）工程质量事故的分类

目前水土保持工程尚无专门的质量事故分类标准，现就水利工程质量事故分类标准作一介绍，以供参考。

水利工程按工程质量事故直接经济损失大小，检查、处理事故对工期的影响时间长短和对工程正常使用的影响，分为一般质量事故、较大质量事故、重大质量事故、特大质量事故（表4-2-1）。

表4-2-1　　　　　　　　　　　水利工程质量事故分类标准

损失情况		特大质量事故	重大质量事故	较大质量事故	一般质量事故
事故处理所需物质、设备、人工等直接损失费用/万元	大体积混凝土、金属结构制作和机电安装工程	>3000	>500，≤3000	>100，≤500	>20，≤100
	土石方工程、混凝土薄壁工程	>1000	>100，≤1000	>30，≤100	>10，≤30
事故处理所需合理工期/月		>6	>3，≤6	>1，≤3	≤1
事故处理对工程功能和寿命的影响		影响工程正常使用，需限制运行	不影响工程正常使用，但对工程寿命有较大影响	不影响工程正常使用，但对工程寿命有一定影响	不影响正常使用和工程寿命

注　1. 直接经济损失费用为必要条件，其余两项主要适用于大中型工程。
　　2. 不构成一般质量事故的问题称为质量缺陷。

（二）工程质量事故处理程序与处理方法

1. 通知承包商

监理工程师一旦发现工程中出现质量事故，首先要以质量通知单的形式通知承包商，并要求承包商停止有质量缺陷的部位及与其有关联部位的下道工序的施工。

2. 承包商报告质量事故的情况

接到质量通知单后，应详细报告质量事故的情况，提出修补缺陷的具体方案，保证质量的技术措施。

3. 进行调查和研究

质量事故的处理，对工程质量、工期和费用均有直接的影响，因此监理工程师在对质量事故作出处理决定时，应进行认真的调查和研究。

4. 质量事故的处理

监理工程师对质量事故的处理，一般有以下三种：

（1）不需进行处理。当出现轻微的质量缺陷，不影响结构安全、生产工艺和使用要求，并通过后续工序可以弥补的情况下，监理工程师常作出不需进行处理的决定；或在检验中出现的质量问题，经论证后不需进行处理；或对出现的事故，经复核验算，仍能满足设计要求的情况，也可不作处理。

（2）修补处理。监理工程师对某些虽然未达到规范规定的标准，存在一定的缺陷，但经过修补后还可以达到规范要求的标准，同时又不影响使用功能和外观的质量问题，可以作出进行修补处理的决定。

（3）返工处理。凡是工程质量未达到合同规定的标准，有明显而又严重的质量问题，又无法通过修补来纠正所产生的缺陷，监理工程师应对其作出返工处理的决定。

四、工程质量评定与验收

（一）工程质量评定

1. 质量评定的依据

（1）国家、行业有关施工技术标准。

（2）经批准的设计文件、施工图纸、设计变更通知书、厂家提供的说明书及有关技术文件。

（3）工程承包合同中采用的技术标准。

（4）工程试运行期的试验及观测分析成果。

（5）原材料和中间产品的质量检验证明或出厂合格证、监理工程师核定。

2. 质量评定的组织与管理

（1）单位工程质量应由施工单位质检部门组织自评、监理工程师核定。

（2）重要隐蔽工程及工程的关键部位的质量应在施工单位自评合格后，由监理单位复核，建设单位核定。

（3）分部工程质量评定应在施工单位自评的基础上，由建设单位、监理单位复核，报质量监督单位核定。

（4）工程项目的质量等级应由该项目质量监督机构在单位工程质量评定的基础上进行核定。

（5）质量事故处理后应按处理方案的质量要求，重新进行工程质量检测和评定。

3. 质量评定

（1）单元工程质量评定。单元工程质量等级可分为合格和优良，其质量等级按下列规定确定。

1）全部返工重做的，可重新评定质量等级。

2）经加固补强并经鉴定能达到设计要求，其质量只能评为合格。

3）经鉴定达不到设计要求，但建设、监理单位认为能基本满足安全和使用功能要求的，可不加固补强；或经加固补强后，改变外形尺寸或造成永久性缺陷的，经建设、监理单位认为基本满足设计要求，其质量等级可按合格处理。

（2）分部工程质量评定。

1）合格标准：

a. 单元工程的质量全部合格。

b. 中间产品质量及原材料全部合格。

2）优良标准：

a. 单元工程质量全部合格，其中有 50% 以上达到优良，主要单元工程、重要隐蔽工程及管件部位的单元工程质量优良，且未发生过质量事故。

b. 中间产品质量全部合格。

（3）单位工程质量评定。

1）合格标准：

a. 分部的质量全部合格。

b. 中间产品质量及原材料全部合格。

c. 外观质量得分率达到70％以上。

d. 施工质量检验资料基本齐全。

2）优良标准：单位工程质量全部合格，其中有50％以上达到优良。

（4）工程项目质量评定。

1）单位工程质量全部合格的工程可评定为合格。

2）单位工程质量全部合格，其中有50％以上的单位工程质量优良，且主要单位工程质量优良，可评为优良。

（二）工程验收

工程验收是在工程质量评定的基础上，依据一个既定的验收标准，采取一定的手段，来检验工程产品的特性是否满足验收标准的工程。对水土保持工程来讲，水土保持生态工程和开发建设项目水土保持工程验收各有不同的要求。

1. 工程验收的依据与目的

（1）工程验收的依据：

1）合同条款。

2）批准的设计文件和设计图纸。

3）批准的工程变更和相应的文件。

4）被引用的各种规程规范和标准。

5）项目实施计划和年度实施计划。

（2）工程验收的目的：

1）检查工程施工是否达到批准的设计要求。

2）检查工程的设计施工中有何缺陷，如何处理。

3）检查工程是否具备使用条件。

4）检查设计提出的、为管理所必需的手段是否具备。

5）及时办理工程交接，发挥工程效果。

6）总结建设中的经验教训，为管理和技术进步服务。

2. 工程验收的一般规定

（1）水土保持生态工程。

1）单项措施验收与阶段验收。单项措施验收是按设计和合同完成治理措施或部分治理任务时进行的验收。如对谷坊、沟头防护工程等进行的验收。春季造林，完成工程整地、苗木定植后进行的验收，秋季针对苗木成活率达到要求后所进行的验收等。阶段验收主要指其某一治理阶段结束所进行的验收，一般按照年度实施计划，在每年年终，对当年按实施计划完成的质量任务进行严惩验收，对年度治理成果作出评价。单项措施验收和阶段验收，多以小流域为单元，按照年度实施计划的要求，结合工程特点以及其实施的季节安排等因素。在施工单位自验的基础上，向监理机构提交验收申请。

监理机构在收到验收申请后，经审查符合验收条件，应立即组织有关人员，与施工的那位负责人一起，按照有关质量要求、测定方法，逐项按图斑、地块具体进行验收。验收的内容包括项目涉及的各项治理措施，如坡耕地治理措施、荒地治理措施、沟壑治理措施、风沙治理措施和小型蓄排引水工程等，完成一项，验收一项。验收的重点是质量和数量，对不符合质量标准的，不予验收；对经过返工达到质量要求的可重新验收，补记其数量。

在验收过程中，监理工程师对验收合格的措施填写验收单，验收单的填写内容保存小流域名称、措施名称、位置（图斑号，所在乡、村等）、数量、质量、实施时间、验收时间等，监理工程师与施工单位负责人分别在验收单上签字。

2）竣工验收。竣工验收是指按照计划或合同文件的要求，基本完成施工内容，经自验质量符合要求，具备投产和运行条件，可以证实办理工程移交前进行的一次全面验收。

施工单位按照合同的要求全面完成各项治理任务，经自验认为质量和数量均达到合同和设计要求，各项治理措施经过汛期暴雨的考验基本完好，造林、种草的成活率、保存率符合规定要求，资料齐全，可向项目建设的单位（监理机构）提出《竣工验收申请报告》。同时，应提供有关资料。

综合治理资料包括：①水土保持综合治理竣工总结报告；②以小流域为单元的竣工验收图、验收表；③项目实施组织机构及人员组成名单，包括行政负责人和技术人员；④单项措施验收和阶段验收记录及相关资料；⑤工程量检查核实单；⑥有关水土保持综合治理措施实施的合同、协议等；⑦材料治理检验资料及工程质量事故处理资料；⑧有关规范规定的其他资料。

骨干坝资料包括：①工程竣工报告；②竣工图纸及竣工项目清单；③竣工决算及经济效益分析、投资分析；④施工记录和质量检验记录；⑤阶段验收和单项工程验收鉴定书；⑥工程施工合同；⑦工程建设大事记和主要会议记录；⑧全部工程设计文件及设计变更以及有关批准文件；⑨有关迁建赔偿协议和批准文件；⑩工程质量事故处理资料；⑪工程使用管护制度等其他有关文件、资料。

监理机构在接到施工单位的竣工验收资料后，应组织对资料进行详细审查，要求所提供的资料不得擅自修改或补做，必须如实反映综合治理的实际情况。审查时按照有关标准、规范的要求，结合项目实施计划、前阶段验收资料和工程核实单，对竣工图、表、报告与设计图、表、报告等对照检查，做到资料齐全。

（2）开发建设项目水土保持工程。

1）自查初验。自查初验是指建设单位或其委托监理单位在水土保持设施建设过程中组织开展的水土保持设施验收，主要包括分部工程的自查初验和单位工程的自查初验，是行政验收的基础。

2）技术评估。技术评估是指建设单位委托的水土保持设施验收技术评估机构对建设项目中的水土保持设施的数量、质量、进度及水土保持效果进行的全面评估。

3）行政验收。行政验收是指由水行政主管部门在水土保持设施检测后主持开展的水土保持设施验收，是主体工程验收前的专项验收。

行政验收的程序如下：

a. 审查建设的单位提交的验收申请材料，受理验收申请。

b. 听取技术评估机构的技术评估汇报，确定行政验收时间。

c. 召开预备会议，听取建设单位有关验收准备情况汇报，确定验收组成成员名单。

d. 现场检查水土保持设施及其运行情况。

e. 查阅有关资料。

f. 按规定程序召开验收会议形成验收意见。

第三节　水土保持工程建设投资控制

一、投资与投资控制

（一）投资的概念

一般是指经济主体为获取经济效益而垫付货币资金或其他资源用于某些事业的经济活动工程。投资属于商品经济的范畴。投资活动作为一种经济活动，是随着社会化生产的产生、社会经济和生产力的发展而逐渐产生和发展的。

（二）投资控制

投资控制是工程建设项目管理的重要组成部分，是指在建设项目的投资决策阶段、设计阶段、施工招标阶段、施工阶段，采取有效措施，把建设项目实际投资控制在原计划目标内，并随时纠正发生的偏差，以保证投资管理目标的实现，以求在项目建设中能合理使用人力、物力、财力、实现投资最佳经济效益。投资控制主要体现在投资控制机构及人员对工程造价的管理。

投资控制管理就是要在保证工期和质量满足要求的情况下，采取相应管理措施，包括组织措施、经济措施、技术措施、合同措施，把成本控制在计划范围内，并最大限度地节约成本。

（三）投资控制的内容

1. 前期工作阶段的投资控制

通过对水土保持工程项目在技术、经济和施工上是否可行，进行全面分析、论证和方案比较，确定项目的投资估算数，它是建设项目设计概算的编制依据。

2. 设计阶段的投资控制

通过工程初步设计确定建设项目的设计概算，设计概算是计划投资的控制标准，原则上不得突破。

3. 施工准备阶段的投资控制

编制招标标底或审查标底，对投标单位的财务能力进行审查，确定标价合理的中标人。

4. 施工阶段的投资控制

通过施工过程中对工程费用的监测，确定水土保持工程建设项目的实际投资额，使其不超过项目的计划投资额，并在实施过程中进行费用动态管理控制。

5. 项目竣工后的投资分析

通过项目决算，进行投资回收分析，评价项目投资效果。

二、投资控制的任务、内容与方法

（一）规划设计阶段投资控制

1. 设计招标

将设计招标方式引入设计阶段，最重要的是为了得到优化的设计方案，设计招标的方式可以采取一次性总招标，也可以划分单项、专业招标。其招标的内容一般是可行性研究阶段的设计方案，初步设计可以由可行性研究设计方案中标的设计单位来做，施工图设计则可以由设计单位承担，也可以由施工单位承担。

2. 设计竞赛

设计竞赛是建设项目设计阶段控制投资的有效方法之一，对于降低工程费用、缩短项目工期起到了重要作用。

设计竞赛又称为设计方案竞赛。通过竞赛，选取优秀设计方案。设计竞赛只宣布竞赛名次，前几名的方案可请人加以综合汇总，吸收各方案的优点，做出新的设计方案。作为监理工程师，如能在设计方案上为建设单位提供合理化建议，使建设单位得到满意的设计方案，又降低费用，对后面的监理工作是非常有利的。

3. 标准设计

标准设计是指按国家规定的现行标准规范，对各种建筑、结构和构配件等编制的具有重复作用性质的整套技术文件，经主管部门审查、批准后颁发的全国、部门或地方通用的设计，标准设计是水土保持工程建设标准化的一个重要内容，也是国家标准化的一个组成部分。

4. 限额设计

（1）限额设计的基本原理。限额设计是按照批准的可行性研究投资估算，控制初步设计，按照批准的初步设计总概算控制施工图设计，同时各专业在保证达到使用功能的前提下，按分配的投资限额控制设计，并严格控制设计的不合理变更，保证不突破总投资限额的水土保持工程设计过程。

（2）限额设计的控制内容：

1）建设项目从可行性研究开始，便要建立限额设计观念，合理、准确地确定投资估算，是核算项目总投资额的依据。获得批准后的投资估算，就是下一阶段进行限额设计及控制投资的重要依据。

2）初步设计应该按核准后的投资估算限额，严格按照施工规划和施工组织设计，按照合同文件要求进行，并要切实、合理地选定费用指标和经济指标，正确地确定设计概算。经审核批准后的设计概算限额，便是下一步施工详图设计控制投资的依据。

3）施工图设计是设计单位的最终产品，必须严格地按初步设计确定的原则、范围、内容和投资额进行设计，即按设计概算限额进行施工图设计。但由于初步设计受外部条件影响，往往给施工图设计和以后的实际施工带来局部变更和修改，合理地修改、变更是正常的，关键是要进行核算和调整，来控制施工图设计不突破设计概算限额。对于概算，并以批准的修改初步设计概算作为施工图设计的投资控制额。

4）加强设计变更的管理工作，对于确实可能发生的变更，应尽量提前实现，以减小损失。对影响工程造价的重大设计变更，更要用先算账后变更的办法解决，这样才能保证设计不突破限额。

5）对设计单位实行限额设计，若因设计单位的设计导致投资超支的，应给予处罚，若节约投资，应给予奖励。

5. 价值工程

价值工程又称价值分析，是运用集体智慧和有组织的活动，着重对产品进行功能分析，使其以最低的总成本，可靠地实现产品的必要功能，从而提高产品价值的一套科学的技术经济分析方法。价值工程是研究产品功能和成本之间关系问题的管理技术。功能属于技术指标，成本则属于经济指标，它要求从技术和经济两方面来提高产品的经济效益。

6. 设计概算的编制

（1）设计概算的内容：

1）水土保持工程建设项目设计概算的内容。设计概算是初步设计概算的简称，是指在初步设计或扩大初步设计阶段，由设计单位根据初步设计图纸、定额、指标、其他工程费用定额等，对工程投资进行概略计算，这是初步设计文件的重要组成部分，是确定工程设计阶段投资的依据，经过批准的设计概算是控制工程建设投资的最高限额。

水土保持工程建设项目总概算是确定整个建设项目从筹建到竣工验收所需全部费用的文件。

2）水土保持工程建设项目设计概算的作用：

a. 水土保持工程建设项目设计概算是确定建设项目、各单项工程及各单位工程投资的依据。

b. 水土保持工程建设项目设计概算是编制投资计划的依据。

c. 水土保持工程建设项目设计概算是进行拨款的依据。

d. 水土保持工程建设项目设计概算是实行投资包干的依据。

e. 水土保持工程建设项目设计概算是考核设计方案的经济合理性和控制施工图预算的依据。

f. 水土保持工程建设项目设计概算是进行各种施工准备、设备供应指标、加工订货及落实各项技术经济责任制的依据。

g. 水土保持工程建设项目设计概算是控制项目投资、考核建设成本、提高项目实施阶段工程管理和经济核算水平的必要手段。

（2）设计概算的编制程序：

1）了解工程情况和深入调查研究。

2）编写工作大纲。

3）编制基础价格。

4）编制工程措施、植物措施（生态工程称林草措施）、临时工程或封育治理措施单价和调差系数。

5）编制材料、施工机械台班费、措施单价汇总表。

6）编制工程措施、植物措施（林草措施）、施工临时工程或封育治理措施、独立费用概算。

7）编制分年度投资计划。

8）编制总概算和编写说明。

9）打印整理资料。

10）审查修改和资料归档。

（3）设计概算的编制方法：

1）确定编制原则与编制依据。

2）确定计算基础价格的基本条件与参数。

3）确定编制概算单价采用的定额、标准和有关数据。

4）明确各专业相互提供资料的内容、深度要求和时间。

5）落实编制进度及提交最后成果的时间。

6）编制人员分工安排和提出计划工程量。

7. 设计概算的审查

（1）设计概算审查的意义：

1）有利于合理分配投资资金和加强投资计划管理，有助于合理确定和有效控制工程造价。

2）有利于促进概算编制单位严格执行国家有关概算编制规定和费用标准，从而提高概算的编制质量。

3）有利于促进设计的技术先进性与经济合理性。

4）有利于核定建设项目的投资规模，可以使建设项目总投资力求做到完整、准确。

5）经审查的概算，有利于为建设项目投资的落实提供可靠依据。

（2）设计概算审查的内容。

1）审查设计概算的编制依据：

a. 审查编制依据的合法性。

b. 审查编制依据的时效性。

c. 审查编制依据的适用范围。

2）审查概算编制深度：

a. 审查编制说明。

b. 审查概算编制完整性。

c. 审查概算编制范围。

3）审查工程概算内容：

a. 审查工程措施费用。

b. 审查植物措施费用。

c. 审查施工临时工程费用。

d. 审查独立费用。

（二）招投标阶段投资控制

1. 合同价格

在工程招标过程中，经过投标、开标、议标和决标，根据投标人报送的标函资料，就标价、工期、工程质量等条件综合评价分析，最后选中中标人，双方签订工程施工合同，此时双方认可的工程承包价格，即为合同价格。

2. 合同价格的形式

根据合同支付方式的不同，合同价的形式一般分为总价合同、单价合同和成本加酬金合同。

在工程招标前，监理工程师必须理解和懂得各种类型合同的计价方法，弄清它们的优缺点和使用时机，并协助建设单位根据工程实际情况，认真研究并确定采用合同价的形式和发包策略，这对水土保持工程建设项目的顺利招标及有效管理是非常必要的。

（1）总价合同。总价合同是指支付给承包方的款项在合同中有一个"规定的金额"，即总价。它是以图纸和工程说明书为依据，经双方商定做出的。

（2）单价合同。单价合同是指工程量变化幅度在合同规定范围之内，招标、投标者按双方认可的工程单价，进行工程结算的承包合同。

（3）成本加酬金合同。

（三）施工阶段投资控制

1. 资金使用计划的编制

施工阶段编制资金使用计划的目的：为了更好地做好投资控制工作，使资金筹措、资金使用等工作有计划、有组织地协调运作，监理工程师应于施工前做好资金使用计划。

（1）资金使用计划编制的目的：

1）资金使用计划是监理工程师审核施工单位施工进度计划、现金流计划的依据。

2）资金使用计划是项目筹措资金的依据。

3）资金使用计划是项目检查、分析实际投资值和计划投资值偏差的依据。

4）资金使用计划是监理工程师审核施工单位施工进度款申请的参考依据。

（2）资金使用计划的编制要点：

1）项目分解和项目编码。要编制资金使用计划，首先要进行项目分解。为了在施工中便于进行项目的计划投资和实际投资比较，故要求资金使用计划中的项目划分与招标文件中的项目划分一致，然后再分项列出由建设单位直接支出的项目，构成资金使用计划项目划分表。

我国建设项目编码没有统一格式，编码时，可针对不同具体工程拟定合适的编码系统。

2）按时间进行编制资金使用计划。在项目划分表的基础上，结合施工单位的投标报价、项目建设单位支出的预算、施工进度计划等，逐时段统计需要投入的资金，即可得到项目资金使用计划。

3）审批施工单位呈报的现金流通量估算。按规定，在中标函签发日之后，于规定时间内，施工单位应按季度向监理工程师提交现金流通量估算，施工单位根据合同有权得到全部支付的详细现金流通量估算。监理工程师审批施工单位的现金流通量估算。

监理工程师审查施工单位提交的预期支付现金流通量估算，应力求使施工单位的资金运作过程合理，使费用控制良好。

2. 工程计量与计价控制

在水土保持工程建设项目施工过程中，施工单位工程量的测量和计算称为工程计量，简称计量。

1）计量原则。计量项目必须是计划中规定的项目，确属完工或正在施工项目的已完成部分。项目质量应达到规定的技术标准，申报资料和验收手续齐全。计量结果必须得到监理工程师和施工单位双方确认。监理工程师在计量控制上具有权威性。

2）计量工作内容。在水土保持工程建设项目施工阶段所做的计量工作，以已批准的规划、可行性研究和初步设计以及有关部门下达的年度实施计划为依据。

a. 水土保持生态工程计量主要包括：淤地坝、梯田工程计量，植物措施计量，小型水利水保工程措施计量。

b. 开发建设项目水土保持工程计量主要包括：拦挡工程计量，斜坡防护工程计量，土地整治工程计量，防护排水工程计量，产流拦蓄工程计量，固沙工程计量。

3）计量方式。计量方式有由监理工程师独立计量、由施工单位计量，监理工程师审核确认及监理工程师与施工单位联合计量三种方式，实际工作中，通常采用后两种方式。

4）计量方法。水土保持工程建设项目一般按季度报账。首先施工单位每季度提供工程量自验资料和施工进度图。监理工程师现场按规定的比例抽查审核，确定实际完成工作量。

3. 工程款的支付

（1）支付条件：

1）经监理工程师确认质量合格的工程项目。

2）由监理工程师变更通知的变更项目。

3）符合计划文件的规定。

4）施工单位的工程活动使监理工程师满意。

（2）预付款支付。水土保持工程建设项目批准实施后，有关部门为了使工程顺利进展，需要以预付款的形式支付给施工单位一部分资金，帮助施工单位尽快开始正常施工。预付款一般为已批准的年度计划的30%。

（3）中期付款。水土保持工程建设项目一般采用季度付款的方式，根据监理工程师核定的工程量和有关定额计算应支付的金额，由总监理工程师签发支付凭证，申请支付资金。

（4）年终决算。年终决算是在第四季度根据全年完成的工程量，结合有关部门下达的全年投资计划和已确认的季度支付，核定施工单位全年完成的总投资，将未付部分支付给施工单位。

（5）最终结算。水土保持建设项目完工后，有关部门组织验收，验收合格后，进行财务决算，建设单位将剩余款项拨付给施工单位。

4. 变更费用控制

（1）施工承包合同变更。施工合同变更是承包合同成立后，在尚未履行或尚未完全履行时，当事人双方依法经过协商，对合同进行修订或调整所达成的协议。

（2）工程变更费用调整的原则：

1）采用工程量清单的单价和价格。采用合同中工程量清单的单价或价格有以下几种情况：一是直接套用；二是间接套用，即依据工程量清单，通过换算后采用；三是部分套用，即依据工程量清单，取其价格中的某一部分使用。

2）协商单价和价格。协商单价和价格是基于合同中没有，或者有但不适合的情况而采用的一种方法。

5. 索赔控制

索赔时工程承包合同履行中，当事人一方因对方不履行或不完全履行既定的义务，或者由于对方的行为使权利人受损时，要求对方补偿损失的权利。

(1) 施工单位向建设单位索赔：

1）不可预见的自然地质条件变化与非自然物质条件变化引起的索赔。

2）工程变更引起的索赔。

3）工期延长引起的费用索赔。

4）加速施工引起的费用索赔。

5）由于建设单位原因终止工程合同引起的索赔。

6）物价上涨引起的索赔。

7）建设单位拖延支付工程款引起的索赔。

8）法律、货币及汇率变化引起的索赔。

9）建设单位风险引起的索赔。

10）不可抗力引起的索赔。

(2) 建设单位向施工单位索赔：

1）对拖延竣工期限的索赔。

2）由于施工质量的缺陷引起的索赔。

3）对施工单位未履行的保险费用的索赔。

4）建设单位合理终止合同或施工单位不合理放弃工程的索赔。

(3) 索赔费用的构成：

1）人工费。

2）材料费。

3）施工机械使用费。

4）低值易耗品消耗费。

5）现场管理费。

6）利息。

7）总部管理费。

8）利润。

(4) 索赔费用的计算：

1）实际费用法。实际费用法是指索赔计算时最常用的一种方法。这种方法的计算原则是以承包商为某项索赔工作所支付的实际开支为依据。其计算式为

$$索赔金额＝索赔事项直接费＋间接费＋利润$$

2）总费用法。总费用法即总成本法，就是当发生多次索赔事件后，重新计算该工程的实际费用。其计算式为

$$索赔金额＝实际总费用－投标报价估算总费用$$

3）修正的总费用法。修正总费用法是对总费用法的改进，即在实际总费用内扣除一些不合理的因素。

索赔金额＝某项工作调整后的实际总费用－该项工作的报价费用

（四）竣工验收阶段投资控制

1. 竣工决算

（1）竣工决算的内容。竣工决算，包括从筹建开始到竣工投产交付使用为止的全部建设费用。

（2）竣工决算报告编制的依据：

1）经项目主管部门批准的设计文件、工程概（预）算和修正概算。

2）经上级计划部门下达的历年基本建设投资计划。

3）经上级财务主管部门批准的历年年度基本建设财务决算报告。

4）招投标合同及有关文件和投资包干协议及有关文件。

5）历年有关财务、物资、劳动工资、统计等文件资料。

6）与工程质量检验、鉴定有关的文件资料等。

（3）竣工决算报告编制的要求：

1）必须按规定的格式和内容进行编制，应如实填列经核实的有关表格数据。

2）水土保持建设项目经项目竣工验收机构验收签证后的竣工决算报告，方可作为财产移交、投资核销、财务处理、合同终止并结束建设事宜的依据。

3）水土保持工程建设项目竣工决算报告是工程项目竣工验收的重要文件。基本建设项目完工后，在竣工验收之前，应该及时办理竣工决算。

4）水土保持工程建设项目，按审批权限，投资不超过批准概算并符合历年所批准的财务决算数据的竣工决算报告，由项目主管部门进行审核。

2. 项目后评价

（1）项目后评价的意义：

1）有利于项目更好的发挥预期作用，产生更大的社会、经济、生态效益。

2）有利于提高项目的投资决策水平。

3）有利于提高项目建设实施的管理水平。

（2）项目后评价的内容：

1）影响评价。

2）成本—效益（效果）评价。

3）过程评价。

4）持续性评价。

（3）项目后评价的程序：

1）提出问题。

2）筹划准备。

3）深入调查，收集资料。

4）分析研究。

5）编制项目后评价报告。

第四节　水土保持工程建设进度控制

一、进度控制

进度控制是建设监理中投资、进度、质量三大控制目标之一。工程进度失控，必然导致人力、物力、财力的浪费，甚至可能影响工程质量与安全。拖延工期后赶进度，引起费用的增加，工程质量也容易出现问题。特别是植物措施受季节制约，如赶不上工期，错过有利的施工机会，将会造成重大的损失，若工期大幅拖延，便不能发挥应有的效益。开发建设项目水土保持工程要受主体工程的制约，若盲目地加快工程进度，亦会增加大量的非生产性技术支出。投资、进度、质量三者是相辅相成的统一体，只有将工程进度与资金投入和质量要求协调起来，才能取得良好的效果。

（一）基本概念

1. 建设工期

建设工期是指建设项目从正式开工到全部建成投产或交付使用所经历的时间。建设工期一般按月或天计算，并在总进度计划中明确建设的起止日期。建设工期分为工程准备阶段、工程主体阶段和工程完工阶段。

2. 合同工期

合同工期是指合同中确定的工期。合同工期按开工通知、开工日期、完工日期和保修期等合同条款确定。

3. 建设项目进度计划

建设项目进度计划体现了项目实施的整体性、全局性和经济性，是项目实施的纲领性计划安排，它确定了工程建设的工作项目、工作进度以及完成任务所需的资金、人力、材料和设备等资源的安排。

4. 进度控制

进度控制是指在水土保持工程建设项目实施过程中，监理机构运用各种手段和方法，依据合同文件赋予的权利，监督、管理建设项目施工单位（或设计单位），采用先进合理的施工方案和组织、管理措施，在确保工程质量、安全和投资的前提下，通过对各建设阶段的工作内容、工作程序、持续时间和衔接关系编制计划动态控制，对实际进度与计划进度出现的偏差及时进行纠正，并控制整个计划实施，按照合同规定的项目建设期限加上监理机构批准的工程延期时间以及预定的计划目标去完成项目。

（二）进度控制分类

根据划分依据的不同，可将进度控制分为不同的类型，例如，按照控制措施制定的出发点，可分为主动控制和被动控制；按照控制措施作用于控制对象的时间，可分为事前控制、事中控制和事后控制；按照控制信息的来源，可分为前馈控制和反馈控制；按照控制过程是否形成闭合回路，可分为开环控制和闭环控制。

控制类型的划分是人为的（主观的），是根据不同的分析目的而选择的，而控制措施本身是客观的。因此，同一控制措施可以表述为不同的控制类型。下面就简要介绍主动控制与被动控制。

1. 主动控制

所谓主动控制，是在预先分析各种风险因素及其导致目标偏离的可能性和程度的基础上，拟订和采取有针对性的预防措施，从而减少乃至避免进度偏离。

主动控制也可以表述为其他不同的控制类型。主动控制是一种事前控制，它必须在计划实施之前就采取控制措施，以降低进度偏离的可能性或其后果的严重程度，起到防患于未然的作用。主动控制是一种前馈控制，通常是一种开环控制，是一种面对未来的控制。

2. 被动控制

所谓被动控制，是从计划的实际输出中发现偏差，通过对产生偏差原因的分析，研究制定纠偏措施，以使偏差得以修正，工程实施恢复到原来的计划状态，或虽然不能恢复到计划状态但可以减少偏差的严重程度。

被动控制是一种事中控制和事后控制，是一种反馈控制，是一种闭环控制，是一种面对现实的控制。

3. 主动控制与被动控制的关系

在工程实施过程中，如果仅仅采取被动控制措施，难以实现预定的目标。但是，仅仅采取主动控制措施却是不现实的，或者说是不可能的。这表明，是否采取主动控制措施以及究竟采取什么主动控制措施，应在对风险因素进行定量分析的基础上，通过技术经济分析和比较来决定。在某些情况下，被动控制反倒可能是较佳的选择。因此，对于建设工程进度控制来说，主动控制和被动控制两者缺一不可，都是实现建设工程进度所必须采取的控制方式，应将主动控制与被动控制紧密结合起来，要做到主动控制与被动控制相结合，关键于处理好以下两方面问题：

（1）要扩大信息来源，即不仅要从本工程获得实施情况的信息，而且要从外部环境获得有关信息，包括已建同类工程的有关信息，这样才能对风险因素进行定量分析，使纠偏措施有针对性。

（2）要把握好输入这个环节，就要输入两类纠偏措施，不仅有纠正已经发生的偏差的措施，而且有预防和纠正可能发生的偏差的措施，这样才能取得较好的控制效果。

需要说明的是，虽然在建设工程实施过程中仅仅采取主动控制是不可能的，有时是不经济的，但不能因此而否定主动控制的重要性。实际上，牢固确立主动控制的思想，认真研究并制定多种主动控制措施，尤其要重视那些基本上不需要耗费资金和时间的主动控制措施，如组织、经济、合同方面的措施，并力求加大主动控制在控制过程中的比例。

（三）水土保持工程进度控制的特殊性

1. 施工的季节性

水土保持工程施工受季节性影响较大，如造林，宜在苗木休眠期而且土壤含水量较高的季节栽植，一般在春秋季比较好，一旦错过适时施工季节，就会影响造林的成活率。同样，如果种草不能在适时的季节种植，也会影响出苗率。而有些工程措施，如淤地坝则要考虑汛期的安全度汛，在我国北方，冬天冻土季节土方不能上坝，混凝土、浆砌石也不容易施工等。否则，就不能保证工程质量。

2. 投资体制多元化

水土保持生态工程是公益性建设工程，长期以来，工程投资由中央投资、地方匹配、群众自筹三部分组成，近几年，国家实行积极的"三农政策"，取消了农民的义务工，工程投资变成了中央投资和地方匹配两部分。水土保持工程大多处于贫困地区，地方财政比较困难，建设资金难以落实，地方匹配资金往往不能足额保证或及时到位，从而增加了投资控制和工程进度控制的复杂性。

3．开发建设项目水土保持工程建设的从属性

开发建设项目水土保持工程建设受主体工程的制约，其进度安排不能与主体工程计划进度相冲突，施工安排应尽量协调一致，工程进度控制难度大。

（四）影响工程进度的主要因素

影响水土保持工程进度的因素很多，主要可概括为以下几个方面。

1．投资主体

目前，水土保持工程的投资主体主要包括国家投资和企业出资两个方面，投资主体、责任主体和受益主体往往不统一。就水土保持生态工程而言，通过科学规划、统筹安排、合理布设，实现生态环境改善的长远利益和群众脱贫致富的现实利益相结合，调动地方政府尤其是当地群众治山治水的积极性，是确保水土保持工程进度的根本因素。开发建设项目水土保持工程，则应该以强化企业的社会责任为核心，以落实主体工程与水土保持工程"三同时"制度为重点，协调水土保持工程建设中的地方利益与群众利益，保证水土保持工程建设进度。

2．计划制订

水土保持工程具有很强的综合性，工程分布点多面广，工程类型形式多样，工程规模差异很大，施工队伍参差不一。通过制订切实可行、细致周密的实施计划，科学确定工程的工作目标、工作进度以及完成工程项目所需的资金、人力、材料、设备等，才能实现费省效宏的目标。

在制订计划过程中应注意以下几方面特点：一是水土保持工程施工作业面大，水土保持工程大多属于面状和线状工程，作业面跨度很大，与点状工程集中施工调度相比，有明显的不同；二是施工专业类型多，水土保持工程施工涉及水利工程、造林种草、土地整理、地质灾害防治、小型水土保持工程施工等诸多专业，具有综合性、交叉性的特点，要求设计、监理、施工企业技术人员，熟练掌握各相关专业的知识；三是人力、物力和资金调度不同，水土保持工程施工对象大多属于专业施工队临时聘用的当地农民，加之工程项目分散分布，劳动力的组织、调度较为困难，在资金的计划调度使用上，水土保持生态工程的建设资金往往到位较晚，先期组织施工需大量的启动资金和预付资金，在制订计划时，也应予以充分考虑。

3．合同管理

实行水土保持工程建设招标投标制，签订责、权、利对等统一，公正、合法、明晰、操作性强的项目建设合同，防止"不平等条约"，避免合同履行中出现歧义，减少争议和调解，是保证工程按期顺利实施的重要条件。

4．生产力

组织项目实施的劳动力、劳动材料、机械设备、资金、管理等生产力要素，都会对水土保持工程建设产生直接影响，各生产力要素之间的不同配置，会产生不同的实施效果。

人是生产力要素中具有能动作用的因素。人员素质、工作技能、人员数量、工作效率、分工与协助安排、职业道德与责任心等都对施工进度有重大影响。

一定程度上讲，工艺技术和设备水平决定着施工效率，所以，先进的工艺和设备是施工进度的重要保证。

材料也是一个不可忽视的因素。只有合格的材料按时供应，才能保证现场施工不出现停工、窝工现象。另外，材料不同，对工艺技术、施工条件的要求也不同，对施工进度影响很大。

资金是施工进度顺利进行的基本保证。资金不能按时足额到位，其他生产力要素也就无法正常投入。因此，保证资金投入，合理安排和使用资金，对工程建设进度具有决定性的影响。

5. 项目建设自然环境

任何项目的建设都要受当地气象、水文、地质等自然因素的影响。要保证工程的顺利实施，就要合理编制项目进度计划，抓住有利时机，避开不利的自然环境因素。例如，治沟骨干坝应在汛期之前达到防汛坝高，冬季封冻以后不能进行土坝施工；水土保持造林、种草措施要避开干旱时节，抓住春秋两季进行，如果春季非常干旱，秋季也可进行造林种草；小型蓄水保土工程应安排在农闲时节，以免与农事活动相冲突。因此，为保证水土保持工程建设的进度，要充分考虑这些多变因素，制定应急方案和替代方案，及时调整进度安排，将不利环境因素减小到最低程度。

二、进度控制理论

(一) 进度控制的措施和任务

1. 进度控制的措施

进度控制的措施应包括组织措施、技术措施、经济措施及合同措施。

(1) 组织措施。进度控制的组织措施主要包括以下内容：

1) 建立进度控制目标体系，明确建设工程现场监理组织机构中进度控制人员及其职责分工。

2) 建立工程进度报告制度及进度信息沟通网络。

3) 建立进度计划审核制度和进度计划实施中的检查分析制度。

4) 建立进度协调会议制度，包括协调会议举行的时间、地点，协调会议的参加人员等。

5) 建立图纸审查、工程变更和设计变更管理制度。

(2) 技术措施。进度控制的技术措施主要包括以下内容：

1) 审查承包商提交的进度计划，使承包商能在合理的状态下施工。

2) 编制进度控制工作细则，指导监理人员实施进度控制。

3) 采用网络计划技术及其他科学适用的计划方法，并结合电子计算机的应用，对建设工程进度实施动态控制。

(3) 经济措施。进度控制的经济措施主要包括以下内容：

1) 及时办理工程预付款及工程进度款支付手续。

2）对应急赶工给予优厚的赶工费用。

3）对工期提前给予奖励。

4）对工程延误收取误期损失赔偿金。

（4）合同措施。进度控制和合同措施主要包括以下内容：

1）对建设工程实行分段设计、分段发包和分段施工。

2）加强合同管理，协调合同工期与进度计划之间的关系，保证合同中进度目标的实现。

3）严格控制合同变更，对各方提出的工程变更和设计变更，监理工程师应严格审查后再补入合同文件之中。

4）加强风险管理，在合同中应充分考虑风险因素及其对进度的影响，以及相应的处理方法。

5）加强索赔管理，公正地处理索赔。

2．进度控制的主要任务

（1）设计准备阶段进度控制的任务：

1）收集有关工期的信息，进行工期目标和进度控制决策。

2）编制工程项目总进度计划。

3）编制设计准备阶段详细工作计划，并控制其执行。

4）进行环境及施工现场条件的调查和分析。

（2）设计阶段进度控制的任务：

1）编制设计阶段工作计划，并控制其执行。

2）编制详细的出图计划，并控制其执行。

（3）施工阶段进度控制的任务：

1）编制施工总进度计划，并控制其执行。

2）编制单位工程施工进度计划，并控制其执行。

3）编制工程年、季、月实施计划，并控制其执行。

为了有效地控制建设工程进度，监理工程师要在设计准备阶段向建设单位提供有关工期的信息，协助建设单位确定工期总目标，并进行环境及施工现场条件的调查和分析。在设计阶段和施工阶段，监理工程师不仅要审查设计单位和施工单位提交的进度计划，更要编制监理进度计划，以确保进度控制目标的实现。

（二）进度计划体系

1．进度计划

首先必须对进度进行合理的规划并制订相应的计划。进度计划越明确、越具体、越全面，进度控制的效果就越好。

（1）进度计划与进度控制的关系。进度规划需要反复进行多次，这表明进度计划与进度控制的动态性相一致。随着建设工程的进展，要求进度与之相适应，需要在新的条件和情况下不断深入、细化，并可能需要对前一阶段的进度计划做出必要的修正或调整，真正成为进度控制的依据。由此可见，进度计划与进度控制之间表现出一种交替出现的循环关系。

（2）进度计划的质量。进度控制的效果直接取决于进度控制的措施是否得力，是否将主动控制与被动控制有机地结合起来，以及采取控制措施的时间是否及时等。但是，进度控制的效果虽然是客观的，但人们对进度控制效果的评价却是主观的，通常是将实际结果与预定的计划进行比较。如果出现较大的偏差，一般就认为控制效果较差；反之，则认为控制效果较好。从这个意义上来讲，进度控制的效果在很大程度上取决于进度计划的质量。为此，必须做好以下两方面工作：一是合理确定并分解目标；二是制订可行且优化的计划。

制订计划首先要保证计划的可行性，即保证计划的技术、资源、经济和财务的可行性，还应根据一定的方法和原则力求使计划优化。对计划的优化实际上是作多方案的技术经济分析和比较。计划制订得越明确、越完善，目标控制的效果就越好。

2．组织机构

为了有效地进行进度控制，需要做好以下几方面的组织工作：

（1）设置进度控制机构。

（2）配备合适的进度控制人员。

（3）落实进度控制机构和人员的任务和职能分工。

（4）合理组织目标控制的工作流程和信息流程。

3．进度计划体系

进度计划是进度控制的基础，各参建单位的进度计划共同组成进度计划体系。根据计划编制角度的不同，项目进度计划分为两类：一类是项目建设单位组织编制的总体控制性进度计划；另一类是施工单位编制的实施性施工进度计划。这两种计划在项目实施中的作用有很大差别。建设工程进度控制计划体系主要包括建设单位的计划系统、监理单位的计划系统、设计单位的计划系统和施工单位的计划系统。

（1）建设单位编制（也可委托监理单位编制）的进度计划包括工程项目前期工作计划、工程项目建设总进度计划和工程项目年度计划。

（2）监理单位编制的进度计划包括监理总进度计划及其按工程进展阶段、按时间分解的进度计划。

（3）设计单位编制的进度计划包括设计总进度计划、阶段性设计进度计划和设计作业进度计划。

（4）施工单位编制的进度计划包括施工准备工作计划、施工总进度计划、单位工程施工进度计划及分部工程进度计划。

（5）施工单位的实施性施工进度计划是由施工单位编制并得到监理人同意的进度计划，对合同双方具有合同效力，它是合同管理的重要文件。经监理单位批准的施工总进度计划（称合同进度计划），作为控制本合同工程进度的依据。

4．进度计划的表示方法

建设工程进度计划的表示方法有多种，常用的有横道图和网络图两种。

（1）横道图也称甘特图。其优点是形象、直观、易编、易理解，容易看出计划工期。其缺点是：工作间关系不明确，不利于进度动态控制；关键工作、线路不明确，不利于抓住主要矛盾；不能反映机动时间，无法合理组织和指挥；不能反映费用与工期关系，不便于缩短工期、降低成本。

（2）网络图。网络图的优点是：能明确表达各工作间逻辑关系；时间参数的计算，可找出关键线路和关键工作；通过网络计划时间参数的计算，可明确各工作的机动时间；网络计划可用计算机进行计算、优化和调整。缺点是：不直观明了，但通过时标网络图弥补了这一缺陷。

（三）进度控制的监理工作程序

1. 监理工作程序

水土保持工程建设项目监理工作在项目实施时一般可划分为设计阶段、施工招标阶段、施工阶段和保修阶段。水土保持设计监理目前尚未开展，施工招标一般由建设单位组织或委托有关单位进行。

2. 进度计划的编制程序

利用网络计划技术编制建设工程进度计划。其编制程序一般包括四个阶段、10 个步骤，见表 4-4-1。

表 4-4-1   进度计划的编制程序

编制阶段	编制步骤	编制阶段	编制步骤
计划准备阶段	1. 调查研究	计算时间参数及确定关键线路阶段	6. 计算工作持续时间
	2. 确定网络计划目标		7. 计算网络计划时间参数
绘制网络图阶段	3. 进行项目分解		8. 确定关键线路和关键工作
	4. 分析逻辑关系	优化网络计划阶段	9. 优化网络计划
	5. 绘制网络图		10. 编制优化后网络计划

（四）施工阶段进度控制的工作内容

建设工程施工进度控制工作从审核施工进度计划开始，直至建设工程保修期满为止，其工作内容主要如下。

1. 签发开工令

监理机构应在专用合同条款规定的期限内，向施工单位发出开工令。施工单位应在接到开工通知后及时调遣人员和调配施工设备、材料进入工地。开工通知具有十分重要的合同效力，对合同项目开工日期的确定、开始施工具有重要作用。

（1）监理机构应在施工合同约定的期限内，经建设单位同意后向施工单位发出进场通知，要求施工单位按约定及时调遣人员、材料及施工设备进场进行施工准备。进场通知中应明确合同工期起算日期。

（2）监理机构应协助建设单位向施工单位移交施工合同约定应由建设单位提供的施工用地、道路、测量基准点以及供水、供电、通信设施等开工的必要条件。

（3）施工单位完成开工准备后，应向监理机构提交开工申请。监理机构在检查建设单位和施工单位的施工准备满足开工条件后，签发开工令。

（4）由于施工单位原因使工程未能按施工合同约定时间开工，监理机构应通知施工单位在约定时间内提交赶工措施报告并说明延误开工原因。由此增加的费用和工期延误造成的损失由施工单位承担。

（5）由于建设单位原因使工程未能按施工合同约定的时间开工，监理机构在收到施工单位提出的顺延工期的要求后，应立即与建设单位和施工单位共同协商补救办法，由此增加的费用和工期延误造成的损失由建设单位承担。

监理机构应审批施工单位报送的每一分部开工申请，审核施工单位递交的施工措施计划，检查该分部工程的开工条件，确认后签发分部工程开工通知。

2．审批施工进度计划

施工单位应按施工合同技术条款规定的内容和期限以及建立单位的指示，编制施工总进度计划报送监理机构审批。监理机构应在《施工合同技术条款》规定的期限内批复施工单位。经监理机构批准的施工总进度计划（称合同进度计划），作为控制本合同工程进度的依据，并据此编制年、季和月进度计划报送监理机构审批。监理机构认为有必要时，施工单位应按监理机构指示的内容和期限，并根据合同进度计划的进度控制要求，编制单位工程（或分部工程）进度计划报送监理机构审批。

3．审批施工组织设计和施工措施计划

施工单位应按合同规定的内容和时间要求，编制施工组织设计、施工措施计划和由施工单位负责的施工图纸，报送监理机构审批，并对现场作业和施工方法的完备和可靠负全部责任。

4．劳动力、材料、设备使用监督权和分包单位审核权

监理机构有权深入施工现场监督检查施工单位的劳动力、施工机械、材料等使用情况，并要求施工单位做好施工日志，并在进度报告中反映劳动力、施工机械、材料等使用情况。

对施工单位提出的分部项目和建设单位，监理机构应严格审核，提出建议，报建设单位审批。

5．施工进度的监督权

不论何种原因发生工程的实际进度与合同进度计划不符时，施工单位应按监理机构的指示在28天内提交一份修订的进度计划报送监理机构审批，监理机构应在收到该进度计划后的28天内批复施工单位。批准后的修订进度计划作为合同进度计划的补充文件；不论何种原因造成施工进度计划拖后，施工单位均应按监理机构的指示，采取有效赶工措施。施工单位应在向监理机构报送修订进度计划的同时，编制一份赶工措施报告报送监理机构审批，赶工措施应以保证工程按期完工为前提调整和修改进度计划。进度计划拖后遵循谁拖后谁负责的原则。

6．下达施工暂停指示和复工通知

监理机构下达施工暂停指示或复工通知，应事先征得建设单位同意。监理机构向施工单位发布暂停工程或部分工程施工的指示，施工单位应按指示的要求立即暂停施工。不论由于何种原因引起的暂停施工，施工单位应在暂停施工期间负责妥善保护工程和提供安全保障。工程暂停施工后，监理机构应与建设单位和施工单位协商采取有效措施积极消除停工因素的影响。当工程具备复工条件时，监理机构应立即向施工单位发出复工通知，施工单位收到复工通知后，应在监理机构指定的期限内复工。

7．施工进度的协调权

监理机构在认为必要时，有权发出命令协调施工进度，这些情况一般包括：各施工单

位之间的作业干扰、场地与设施交叉、资源供给与现场施工进度不一致，进度拖延等。但是，这种进度的协调在影响工期的情况下，应事先得到建设单位同意。

8. 工程变更的建议与变更指示签署权

监理机构在其认为有必要时，可以对工程或其任何部分的形式、质量或数量作出变更，指示施工单位执行。但是，对涉及工期延长、提高造价、影响工程质量等的变更，在发出指示前，应事先得到建设单位的批准。

9. 工期索赔的核定权

对于施工单位提出的工期索赔，监理机构有权组织核定，如核实索赔事件、审定索赔依据、审查索赔计算与证据材料等。监理机构在从事上述时，作为公正、独立的第三方开展工作，而不是仲裁人。

10. 建议撤换施工单位工作人员或更换施工设备

施工单位应对其在工地的人员进行有效管理，使其能做到尽职尽责。监理机构有权要求撤换那些不能胜任本职工作或行为不端或玩忽职守的任何人员，施工单位应及时予以撤换。

监理机构一旦发现施工单位施工的施工设备影响工程进度及质量时，有权要求施工单位增加或更换施工设备，施工单位应予及时增加或更换，由此增加的费用和工期延误责任由施工单位承担。

11. 完工日期确定

监理机构收到施工单位提交的完工验收申请报告后，应审核其报告的各项内容，并按以下不同情况进行处理：

（1）监理机构审核后发现工程尚有重大缺陷时，可拒绝或推迟进行完工验收，但监理机构应在收到《完工验收申请报告》后的28天内通知施工单位，指出完工验收前应完成的工程缺陷修复和其他的工作内容和要求，并将《完工验收申请报告》同时退还给施工单位。施工单位应在具备完工验收条件后重新申报。

（2）监理机构审核后对上述报告及报告中所列的工作项目和工作内容持有异议时，应在收到报告后的28天内将意见通知施工单位，施工单位应在收到上述通知后的28天内重新提交修改后的《完工验收申请报告》，直至监理机构同意为止。

（3）监理机构审核后认为工程已具备完工验收条件，应在收到《完工验收申请报告》后的28天内提请建设单位进行工程验收。建设单位在收到《完工验收申请报告》后的56天内签署工程移交证书，颁发给施工单位。

（4）在签署移交证书前，应由监理机构与建设单位和施工单位协商核定工程项目的实际完工日期，并在移交证书中写明。

第五节　水土保持工程建设监理信息管理

一、监理信息管理概述

（一）信息在监理中的作用

1. 信息是监理机构实施控制的基础

为了进行比较分析和采取措施来控制水土保持工程投资目标、质量目标和进度目标，监理机构首先应掌握有关项目三大目标的计划值，三大目标是项目控制的主要依据；其次，监理机构还应了解三大目标的执行情况。只有这两个方面的信息都充分掌握了，监理机构才能实施控制工作。从控制的角度来看，离开了信息是无法进行的，所以，信息是控制的基础。

2. 信息是监理决策的依据

水土保持工程建设监理决策的正确与否，直接影响着项目建设总目标的实现及监理单位、监理工程师的信誉。监理决策正确与否，取决于多种因素，其中最重要的因素之一就是信息。如果没有可靠的、充分的信息作为依据，正确的决策是不可能的。由此可见，信息是监理决策的重要依据。

3. 信息是监理机构协调项目建设各方的重要媒介

水土保持工程项目的建设过程会涉及众多单位，如：项目审批单位、建设单位、设计单位、施工单位、材料设备供应单位、资金提供单位、外围工程单位（水、电、通信等）、毗邻单位、运输单位、保险单位、税收单位等，这些单位都会对项目目标的实现带来一定的影响。如何才能使这些单位有机地联系起来呢？关键就是要用信息把它们有机地组织起来，处理好他们之间的联系，协调好它们之间的关系。

（二）建设监理信息分类

水土保持工程监理过程中涉及大量的信息，可以依据不同的标准进行分类，以便于管理和应用。

1. 按照建设监理的目的划分

（1）投资控制信息。投资控制信息是指与投资控制直接有关的信息，如各种估算指标、类似工程造价、物价指数、概算定额、预算定额、工程项目投资估算、设计概算、合同价、施工阶段的支付账单、原材料价格、机械设备台班费、人工费、运杂费等。

（2）质量控制信息。如国家有关的质量政策及质量标准、项目建设标准、质量目标的分解结果、质量控制工作流程、质量控制的工作制度、质量控制的风险分析、质量抽样检查的数据等。

（3）进度控制信息。如施工定额、项目总进度计划、进度目标分解、进度控制的工作流程、进度控制的工作制度、进度控制的风险分析，某段时间的进度记录等。

2. 按照建设监理信息的来源划分

（1）项目内部信息。内部信息取自工程建设本身，如工程概况、设计文件、施工方案、合同结构、合同管理制度、信息资料的编码系统、信息目录表、会议制度、监理班长的组织、项目的投资目标、项目的质量目标、项目的进度目标等。

（2）项目外部信息。来自项目外部环境的信息称为外部信息。如国家有关的政策及法规、国内及国际市场上原材料及设备价格、物价指数、类似工程造价、类似工程进度、投标单位的实力、投标单位的信誉、毗邻单位情况等。

3. 按照信息的稳定程度划分

（1）固定信息。固定信息是指在一定时间内相对稳定不变的信息，这类信息又可分为3种。

1）标准信息。这主要是指各种定额和标准，如施工定额、原材料消耗定额、生产作业计划标准、设备和工具耗损程度等。

2）计划信息。这是反映在计划期内已定任务的各项指标情况。

3）查询信息。这是指在一个较长的时期内，很少发生变更的信息，如国家和部委颁发的技术标准、不变价格、监理工作制度、监理工程师的人事卡片等。

（2）流动信息。流动信息是指在不断地变化着的信息。如项目实施阶段的质量、投资及进度的统计信息，就是反映在某一时刻项目建设的实际进度及计划完成情况。再如，项目实施阶段的原材料消耗量、机械台班数、人工工日数等，也都属于流动信息。

4. 按照信息的层次划分

（1）战略性信息。战略性信息是指有关项目建设过程的战略决策所需的信息，如项目规模、项目投资总额，建设总工期、施工单位的选定、合同价的确定等信息。

（2）策略性信息。策略性信息如提供给建设单位作中短期决策用的信息，如项目年度计划、财务计划等。

（3）业务性信息。业务性信息是指各业务部门的日常信息，如日进度、月支付额等。这类信息较具体，精度要求较高。

5. 按照信息的性质划分

（1）生产信息。生产信息是指生产过程中的信息，如施工进度、材料耗用、库存储备。

（2）技术信息。技术信息指的是技术部门提供的信息，如技术规范、设计变更书、施工方案等。

（3）经济信息。经济信息，如项目投资、资金耗用等信息。

（4）资源信息。资源信息，如资料来源、材料供应等信息。

6. 按其他标准划分

（1）按照信息范围的大小不同。可以把建设监理信息分为精细的信息和摘要的信息两类。精细的信息比较具体详尽，摘要的信息比较概况抽象。

（2）按照信息时间的不同。可以把建设监理信息分为历史性信息和预测性信息两类。历史性信息是有关过去的信息，预测性信息是有关未来的信息。

（3）按照监理阶段的不同。可以把建设监理信息分为计划的信息、作业的信息、核算的信息及报告的信息。在监理开始时，要有计划的信息；在监理过程中，要有作业的信息和核算的信息；在某一项监理工作结束时，要有报告的信息。

（4）按照对信息的期待性不同。可以把建立监理信息分为预知的信息和突发的信息两类。预知的信息是监理工程师可以估计的，它发生在正常情况下；突发的信息是监理工程师难以预计的，它发生在特殊情况下。

（三）信息管理

在水土保持工程建设监理工作中，每时每刻都离不开信息。因此，监理信息管理工作的好坏，对监理效果的影响是极为明显的。监理信息管理中心工作是数据处理，它包括对数据收集、记载、分类、排序、储存、计算或加工、传输、制表、递交等工作，使有效的信息资源得到合理和充分的使用，符合及时、准确、适用、经济的要求。

1. 监理数据的收集

收集，就是收集原始信息，这是很重要的基础工作。信息管理工作质量的好坏，很大程度上取决于原始资料的全面性和可靠性。监理信息分内源与外源，外源信息主要是指各类合同、规范以及设计数据等，这需要在建立信息系统本底数据库时录入，此处主要讨论监理内源信息，即项目实施过程中的现场数据的收集。

监理工程师的监理记录，主要包括工程施工历史记录、工程质量记录、工程计量和工程付款记录、竣工记录等内容。

（1）工程施工历史记录：

1）现场监理员的日报表。

2）现场每日的天气、水情记录。

3）工地日记。

4）驻施工现场监理负责人日记。

5）驻施工现场监理负责人周报。

6）驻施工现场监理负责人月报。

7）驻施工现场监理负责人对施工单位的指示。

8）驻施工现场监理负责人给施工单位的补充图纸。

（2）工程质量记录。工程质量记录可分为试验记录和质量评定记录两种。

1）试验结果记录。

2）试验样本记录。

3）质量检查评定记录。

（3）会议记录。工地会议是一种重要的监理工作方法，会议中包含着大量的监理信息，这就要求监理机构必须重视工地会议记录，并建立一套完善的制度，以便于会议信息的收集。

2. 监理信息的加工

原始数据收集后，需要将其进行加工以使它成为有用的信息，一般的加工操作主要有：①依据一定的标准将数据进行排序或分组；②将两个或多个简单有序数据集按一定顺序连接、合并；③按照不同的目的计算求和或求平均值等；④为快速查找监理索引或目录文件等。

3. 信息的存储

经过加工的数据需要保存，即信息的存储。信息存储与原始数据存储是有区别的。信息存储要强调为什么要存储这些信息，存在什么介质上，存储多少时候等，也就是说要解决存储的目的及其对监理的作用。存储牵涉到的问题很多，如数据库的设计等。

4. 信息的维护

信息的维护是指在监理信息管理中要保证信息始终处于适用状态，要求信息经常更新，保持数据的准确性，做好安全保密工作，使数据保持唯一性，另外，尚应保证信息存取的方便。

5. 信息的使用

信息处理的目的在于使用，只有将其应用于监理工作中，信息的价值才能够得以实现，而经过加工的信息，应用的关键是信息流的畅通。

二、监理信息系统及功能

（一）工程进度控制子系统

进行进度控制的方法主要是定期的收集工程项目实际进度的数据，并与工程项目进度计划分析比较。如发现进度实际值与进度计划值有偏差，要及时采取措施，调整工程进度计划，才能确定工程目标实现。

（1）进度控制数据的存储、修改、查询。

（2）进度计划的编制与调整，包括横道图计划、网络计划、日历进度计划等不同形式。

（3）工程实际进度的统计分析。

（4）实际进度与计划进度的动态比较。

（5）工程进度变化趋势预测。

（6）计划进度的定期调整。

（7）工程进度的查询。

（8）进度计划，各种进度控制图表的打印输出。

（9）各种资源的统计分析。

（二）工程质量控制子系统

（1）设计质量控制。包括储存设计文件；核查记录；技术规范、技术方案；计算机进行统计分析；提供有关信息；储存设计文件鉴证记录（包括鉴证项目、鉴证时间、鉴证资料等内容）；提供图纸资料交付情况报告，统计图纸资料按时交付率、合格率等指标；择要登录设计变更文件。

（2）施工质量控制。包括质量检验评定记录；单元工程的检查评定结果及有关质量保证资料；进行数据的校验和统计分析；根据单元工程评定结果和有关质量检验评定标准进行分部工程、单位工程质量评定，为建设主管部门进行质量评定提供参考数据；运用数据统计方法对重点工序和重要质量指标的数据进行统计分析，绘制直方图、控制图等管理图表；根据质量控制的不同要求提供各种报表。

（3）材料质量跟踪。对主要的建筑材料、成品、半成品及构件进行跟踪管理，处理信息包括材料入库或到货验收记录、材料分配记录、施工现场材料验收记录等。

（4）设备质量管理。是指对大型设备及其安装调试的质量管理。大型设备的供应有订购和委托外系统加工两种方式。订购设备的质量管理包括开箱检验、安装调试、试运行三个环节；委托外系统加工的设备还包括设计控制、设备监造等环节，计算机储存各环节的记录信息，并提出有关报表。

（5）工程事故处理。包括储存重大工程事故的报告，登录一般事故报告摘要，提供多种工程事故统计分析报告。

（6）质量监督活动档案。包括记录质量监督人员的一些基本情况，如职务、职责等；根据单元工程质量检验评定记录等资料进行的统计汇总，提供质量监督人员活动月报等报表。

（三）工程投资控制子系统

投资控制的首要问题是对项目的总投资进行分解，也就是说，将项目的总投资按照项目的构成进行分解。水土保持工程可以分解成若干个单项工程和若干个单位工程，每一个单项工程和单位工程均有投资数额要求，它们的投资数额加在一起构成项目的总投资。在整个控制过程中，要详细掌握每一项投资发生在哪一部位，一旦投资的实际值和计划值发生偏差，就应找出其原因，以便采取措施进行纠偏，使其满足总投资控制的要求。

投资的计划值和实际值的比较主要包括：概算与修正概算、概算与预算、概算与标底、概算与合同价、概算与实际投资、合同价资金使用、资金使用计划与实际资金使用等方面的比较。

投资控制子系统的主要内容如下：

（1）资金使用计划。

（2）资金计划、概算和预算的调整。

（3）资金分配、概算的对比分析。

（4）项目概算与项目预算的对比分析。

（5）合同价格与投资分配、概算、预算的对比分析。

（6）实际费用支出的统计分析。

（7）实际投资与计划投资的动态比较。

（8）项目投资变化趋势预测。

（9）项目计划投资的调整。

（10）项目结算与预算、合同价的对比分析。

（11）项目投资信息查询。

（12）提供各种项目投资的管理报表。

（四）合同管理子系统

在施工监理信息管理中，除了投资控制、进度控制、质量控制、行政事务管理等信息管理子系统外，以合同文件为中心。

（1）合同文件、资料、会议记录的登录、修改、删除、查询和统计。

（2）合同条款的查询与分析。

（3）技术规范的查询。

（4）合同执行情况的跟踪及其管理。

（5）合同管理信息函、报表、文件的打印输出。

（6）法规文件的查询。

（五）行政事务管理子系统

行政事务管理是监理工作中不可缺少的一项工作。在监理工作中，应将各类文件分别归类建档，包括：政府主管部门、项目法人、施工单位、监理单位等来自各个部门的文件，进行编辑登录整理，并及时进行处理，以便各项工作顺利进行。

行政事务管理子系统的功能如下：

（1）公文编辑处理。

（2）排版打印处理。

（3）公文登录。

（4）公文处理。

（5）公文查询。

（6）公文统计。

（7）组卷登录。

（8）修改案卷。

（9）删除案卷。

（10）查询统计。

（11）后勤管理。

（12）外事管理。

三、建设监理文档管理

（一）工程监理文档管理的作用

水土保持工程建设监理信息管理工作中，文书档案管理也是一个很重要的方面。尽管利用计算机可以使大量信息得以集中存储，并快速得到处理，从而保证监理工作的动态控制顺利进行。但是，对于监理工作中有许多场合尚需要用到信息、资料的原件，例如，有关的工程师图纸、监理规划、监理合同以及各类监理报告、日记、工程师指令等原始件，在发生索赔、诉讼等事件时，将是必不可少的依据和资料。因此，监理工程师在加强计算机化信息管理的同时，有必要建立起一套完整的建设监理文书档案管理制度，妥善保管监理技术文件和各类原始资料，这也是建立计算机的监理信息系统必要的前提条件。

（二）监理文档管理系统的主要内容

1. 监理资料台账

（1）监理委托合同。合同一式五份：档案员一份（存档，按时间编目，合同失效后定期销毁）；经理一份；工程部一份；经济部一份；项目总监理工程师一份（工程竣工后收入单位工程监理档案资料存档）。

（2）文件。文件按行政和技术分为两类，分别按时间顺序编目。

（3）已竣工监理工程统计表。按年统计，档案室存档，表内主要子项为：工程项目名称，建设地址及所在河流，建设性质，工程类型，建设单位，设计单位，施工单位，监理合同号，开始监理时间，监理内容，工程工期（计划值、实际值），工程质量（自评结果、监督站核定），工程费（概算值、结算值）。

（4）在建监理工程统计表。按年度列表，按季核实，年末未竣工项目列入下一年度，子项包括：工程项目名称，建设地址及所在河流，建设性质，工程类型，建设单位，设计单位，施工单位，监理合同号，开始监理时间，监理内容，工程工期，概算，完成部位，已支付工程款，累计支付工程款。

2. 监理资料主要内容

（1）监理合同。

（2）监理大纲、监理规划。

（3）监理月报。

（4）监理日志。

（5）会议记录。

（6）监理通知。

（7）工程质量事故核查处理报告。

（8）施工组织设计及审核鉴证。

（9）工程结算核定。

（10）主体工程质量评定监理核查意见表。

（11）单位工程竣工验收监理意见。

（12）质量监督站主体结构及竣工核检意见。

3. 监理报表

报表是监理机构开展工程项目监理不可缺少的工具，同时也是监理文书档案的主要内容。

监理工作报表应根据有关监理文件精神，参照国际通用 FIDIC 条款，结合工程监理实践进行编制。由于水土保持工程的类型繁多，投资及管理体制上也各有特点，具体编制和应用这些表格时，应结合目标工程的实际情况，对表式内容进行增删或补充其他表式。这些表格在作为档案收存时，有些可以直接保存，有些尚应经过某些处理，如分类、汇总之后再归档。

（1）施工单位向监理机构提交的报表：

1）施工组织设计（方案）报审表。

2）工程开工报审表。

3）设计图纸交底会议纪要。

4）材料/苗木、种子/设备报审表。

5）进场设备报验单。

6）施工放样报验单。

7）分包申请。

8）合同外工程单价申请表。

9）计日工单价申报表。

10）工程报验单。

11）复工申请。

12）合同工程月计量申请表。

13）额外工程月计量申报表。

14）计日工月计量申报表。

15）人工、材料价格调整申报表。

16）付款申请。

17）索赔申报表。

18）延长工期申报表。

19）竣工报验单。

20）事故报告单。

（2）监理机构向施工单位发出的表格：

1）监理工程师通知。

2）额外或紧急工程通知。

3）计日工通知。

4）设计变更通知。

5）不合格工程通知。

6）工程检验认可书。

7）竣工证书。

8）变更指令。

9）工程暂停指令。

10）复工指令。

11）工地指令。

12）现场指示。

（3）质量检查验评表格：

1）单位工程质量综合评定表。

2）质量保证资料评定表。

3）基础开挖质量评定表。

4）基础工程质量评定表

5）主体工程质量评定表。

6）隐蔽工程质量评定表。

7）土石方回填质量评定表。

8）混凝土浇筑工程质量评定表。

9）预制件质量检查表。

10）砌石工程质量评定表。

11）梯田工程质量评定表。

12）造林工程质量评定表。

13）种草工程质量评定表。

14）谷坊工程质量评定表。

15）水窖工程质量评定表等。

（4）监理机构向建设单位提交的报表：

1）监理月（季）报告。

2）项目月支付总表。

3）暂定金额支付月报表。

4）应扣款月报表。

5）进度计划与实际完成报表。

6）月份施工进度计划表。

7）备忘录。

8）施工监理日记表格。

第五章 水生态监测

第一节 水土流失指标监测

一、影响因子指标与监测方法

水土流失因子指标的监测方法主要有资料收集分析法、调查法、现场测验法等。

（一）自然因子

影响土壤侵蚀的自然因子有地质、地貌、气象、水文、土壤及植被等。

1. 地质

地质因子监测指标主要有地质构造特征、地层岩性特征、物理地质现象、水文地质现象及新构造运动特征等。

地质构造特征是指地壳运动发展变化形成的各种地质构造现象。地质构造与沟系统形成、沟沿线、滑坡、崩塌、泥石流的产生关系密切。由专业人员调查或者找有关资料取得。

地层是区域岩层的时代和出露顺序。岩性是岩石的基本特性。地层岩性特征由专业人员判别。

物理地质现象是指在水流、冰川、重力、风化（温度）等营力作用下形成的各种地质现象，如滑坡、崩塌、泥石流、喀斯特、冻土等。物理地质现象一般由调查采集，也可查阅资料取得。

水文地质现象主要指区域地下水类型及有关地质现象，包括渗漏、地下水位，流速、流向、隔水层、古河道、喀斯特通道等状况。水文地质现象一般由调查和测验得出，也可参考水文地质资料（图）分析归纳得出。

2. 地貌因子监测

地貌因子主要包括地貌类型、坡度、坡长、坡向、坡形等，这些因子都对侵蚀产生一定作用。

（1）地貌类型。在一定的范围内，各种地貌形态彼此在成因上相互联系，有规律地组合，称之为地貌类型。地貌形态依据海拔和相对高差划分为6类，划分指标见表5-1-1。我国地貌类型复杂多样，常见地貌类型如图5-1-1～图5-1-6所示。

表 5-1-1　　　　　　　　　　地貌形态类型划分指标

地貌类型	绝对高程/m	切割强度	相对高度/m
极高山	≥5000	切割明显	>1000
高山	3500～5000	深切割高山	>1000
		中切割高山	500～1000
		浅切割高山	100～500

续表

地貌类型	绝对高程/m	切割强度	相对高度/m
中山	1000～3500	深切割中山	＞1000
		中切割中山	500～1000
		浅切割中山	100～500
低山	500～1000	中切割低山	＞500
		浅切割低山	100～500
丘陵	＜500	高丘	100～200
		中丘	50～100
		低（浅）丘	＜50
平原		平坦开阔	相对高差很小

图5-1-1 四姑娘山极高山地貌

图5-1-2 宁夏固原高山地貌

图5-1-3 重庆巫山中山地貌

图5-1-4 黄土高原低山地貌

图5-1-5 贵州省独山县城南部丘陵

图5-1-6 长江中下游平原

（2）坡地特征。坡地特征包括坡度、坡长、坡向等，划分见表5-1-2～表5-1-4。

表5-1-2　　　　　　　　　　　　　坡 度 分 级 表

名称	部门	平坡	缓坡	斜坡	陡坡	急坡	险坡
坡度/(°)	水保	<5	5～8	8～15	15～25	25～35	>35
	林业	<5	5～15	15～25	25～35	35～45	>45

表5-1-3　　　　　　　　　　　　　坡 长 分 级 表

坡名	短坡	中长坡	长坡	超长坡
坡长/m	<20	20～50	50～100	大于100

表5-1-4　　　　　　　　　　　　　坡 向 划 分 表

四分法	阴坡	半阴坡	阳坡	半阳坡
方位角/(°)	337.5～22.5	22.5～157.5	157.5～202.5	202.5～337.5
三分法	阴坡	半阴半阳		阳坡
方位角/(°)	337.5～22.5	22.5～157.5，202.5～337.5		157.5～202.5
二分法	阳坡		阴坡	
方位角/(°)	67.5～247.5		247.5～67.5	

坡度是地貌形态特征的主要因素，又是影响坡面侵蚀的重要因素。有坡度的地面，就有地势高差，地势高差是产生水流能量的根源。坡度大小直接决定了径流冲刷能力，并对土壤侵蚀有重要影响。除此之外，坡度大小还影响渗透量与径流量。测坡度有经纬仪、测斜仪和手持水准仪、GPR等。

坡向为坡面的倾斜方向。坡向有阳坡、阴坡之分。

坡面的形态称为坡形。坡形不同会导致坡面降雨径流的再分配，改变径流方向、流速和深度，直接影响侵蚀方式和侵蚀强度。坡形一般分为直线坡、凹形坡、形坡和复合坡四种。坡形对土壤的侵蚀，实际上是坡度、坡长两因素综合影响的结果。

此外，还有流域形状系数、沟谷长度、沟谷密度、沟谷割裂强度、主沟道纵比降、地理位置等。

3. 气象

气候因素是影响土壤侵蚀的主要外营力。主要影响土壤侵蚀的因子包括气候类型与分布、气温与地温、不小于10℃积温、降水量、蒸发量、无霜期、干燥指数、太阳辐射与日照等。风蚀区还包括风速与风向、大风日等。重点说明以下几个指标的监测。

（1）降水测定

1）降雨量。降水是陆地水分的主要来源。降至林冠上空或空旷地上的水量称为总降水量。一般以单位面积上水层的深度（mm）来表示。

降雨观测多采用雨量筒、自计雨量计，常用的自计雨量计有虹吸式、翻斗式，浮子式和综合记录仪等数种。其原理是用一定口径面积的承雨器收集大气降水，并集中于储水器中，或通过一定传感装置记录数量过程，最后利用特制的量雨杯测出降雨量。量雨筒记录次降雨；虹吸式记录降雨变化过程。

2）降雨强度。单位时间内的降雨量，称为降雨强度。监测降雨强度，对阐明土壤侵蚀极为重要。水土保持中常用的降雨强度指标有平均降雨强度、瞬时降雨强度等。平均降雨强度是指次降雨平均强度，单位为 mm/min 或 mm/h，它是降雨量与降雨历时的比值，反映侵蚀的平均状况。

瞬时降雨强度指降雨过程中影响侵蚀最明显的某一时段的平均降雨强度，常用的瞬时降雨强度有 I_{10}、I_{30}、I_{60} 等，它是在次降雨过程中，降雨强度最大的 10min、30min、60min 中的平均强度。

3）降雨侵蚀力。降雨侵蚀力是表达雨滴溅蚀、扰动薄层水流，增加径流冲刷和挟带搬运泥沙的能力，它并非物理学中"力"的概念，而是降雨侵蚀作用强弱大小的一个表达式，通常用 R 表示。

雨滴动能和雨强两个特征值的乘积，可计算降雨侵蚀力。

雨滴动能可由经验公式求得（周佩华等，1981）

$$E = 23.49I^{0.27} \tag{5-1-1}$$

式中　　E——降雨雨滴动能，J/（m^2·mm）；

　　　　I——降雨强度，mm/min。

在水土保持监测过程中，对降水因子的监测主要使用雨量计、量雨筒等设备，如图 5-1-7～图 5-1-10 所示。

图 5-1-7　虹吸式自计雨量计

图 5-1-8　雨量计

图 5-1-9　翻斗式雨量计

图 5-1-10　量雨筒

（2）风速风向。风是造成风力侵蚀的营力，对风的观测是风蚀监测中的主要内容。风速是指单位时间内空气移动的水平距离，以 m/s 为单位。风向是指风的来向。

风速风向的监测有人工观测、自动观测两种方法。风向、风速观测可以用电接式风向风速仪和手持轻便三杯风向风速仪。在观测时，同时计算风向和风速频率。常见的监测风速风向设备如图 5-1-11～图 5-1-14 所示。

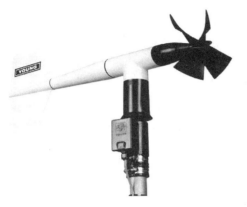

图 5-1-11　风向风速仪

图 5-1-12　三杯风向风速仪

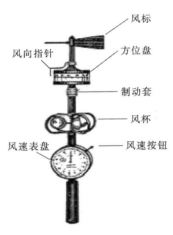

图 5-1-13　轻便风速风向表

图 5-1-14　风速风向自动观测系统

（3）蒸发量。蒸发量是指地面、水面等在自然状态下蒸发损失水分的平均深度。水面蒸发是用一定口径的蒸发器测定的水因蒸发而降低的深度。地面蒸发也称土壤蒸发，是在不同处理下测定土壤含水率，利用蒸发期前后两次测值之差，再转换成水深而得出。目前应用最多是蒸发器，蒸发器及蒸发观测场的布设如图 5-1-15～图 5-1-18 所示。

4．土壤

土壤是侵蚀的对象，对土壤特性的监测是水土保持监测中的重要内容。土壤因子指标主要包括土壤类型及其土壤质地与组成、有效土层厚度等指标，或者地面物质的组分及其构成比例。

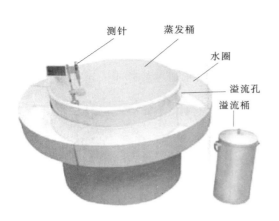

图 5-1-15 14E601B 蒸发器

图 5-1-16 样地中的蒸发器

图 5-1-17 小型水面蒸发器

图 5-1-18 水面蒸发观测场

（1）土壤类型。我国的土壤分类主要依据土壤的发生学原则，即把成土因素、成土过程和土壤属性（较稳定的形态特征）三者结合起来考虑；同时，把耕作土与自然土作为统一的整体来考虑，注意了生产上的实用性，形成我国土壤分类系统。土壤分类采用土纲、土类、亚类、土属、土种、变种六级的等级分类制，我国土壤共 12 个土纲、27 个亚纲、61 个土类（具体分类可见《中国土壤分类暂行草案》）。土壤类型一般采用现场调查的方法，结合相关资料研究成果确定。

（2）土壤质地。土壤质地是指颗粒的相对含量，也称机械组成。将颗粒组成相近而土壤性质相似的土壤划分为一类并给予一定名称，称为土壤质地类型。我国分为砂土、壤土和黏土三类。砂土类以砂粒含量划分为粗砂土、细砂土、面砂土和砂粉土；黏土类以黏粒含量划分为砂黏土、粉黏土、壤黏土和黏土；壤土类划分为粉土、粉壤土、黏壤土。（具体分类标准可参见中国科学院南京土壤研究所《中国土壤质地分类暂行草案》）

（3）土壤容重与比重、孔隙度。

1）土壤容重指单位容积的原状土壤的干重，单位为 g/cm³，采用环刀法测定（图 5-1-19）。

2）土壤比重固体土粒的密度与水的密度之比，无量纲，采用比重瓶法测定（图 5-1-20）。

图 5-1-19 环刀法测土壤容重

图 5-1-20 比重瓶

3）土壤孔隙度是指单位土壤总容积中的孔隙容积，一般以百分数表示。在测定了容重和比重这两项指标后，可通过公式计算出孔隙度。

（4）土壤厚度。土壤厚度也称有效土层厚度，是指能够为植物根系发育生长提供和调节水、养分的土壤厚度。通过开挖土壤剖面判别土壤发生层次后测得（图 5-1-21）。

根据土层厚度，土壤厚度可分为薄土、中土、厚土三类，见表 5-1-5。

表 5-1-5　　　　　　　　土 壤 厚 度 划 分

北方	薄土		中土		厚土	
土层厚度/cm	<30		30～60		>60	
南方	1 级	2 级	3 级	4 级	5 级	6 级
土层厚度/cm	<5	5～15	15～30	30～70	70～100	>100

（5）土壤水分。

土壤含水量是表示土壤干湿状况的指标。

土壤含水量有质量含水量与体积含水量之分。质量含水量指土壤中水分的重量占土壤重量的百分比。体积含水量是土壤中水分的体积占土壤体积的百分比。测定方法有烘干法、中子仪法、FDR 法、TDR 法（图 5-1-22）等。在条件有限的情况下，也可采用土钻（图 5-1-23）取样，然后使用酒精燃烧法（图 5-1-24）快速测定土壤水分含量。

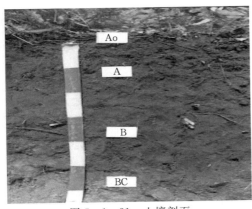

图 5-1-21 土壤剖面

图 5-1-22 土壤 TDR 水分系统

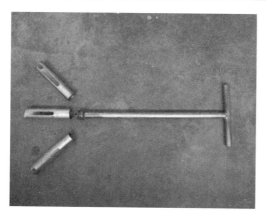

图 5-1-23 土钻   图 5-1-24 燃烧法测土壤水分

（6）土壤入渗。土壤渗透速率是描述水分在土壤中运移速率的指标，是决定地表径流形成的关键因素，也是反映植被改良土壤效果的主要指标。土壤渗透速率测定采用双环法（图 5-1-25）。双环法测定土壤的渗透性能时，测定点的微地形应该为水平状态。除双环法外，还可以用张力入渗仪（图 5-1-26）测定。

稳渗速率计算公式：

$$i_s = \frac{0.42\Delta h}{\Delta t(0.7 + 0.03T)} \tag{5-1-2}$$

式中 i_s ——10℃标准水温下的土壤入渗速率，mm/min；

      Δh ——某时段 Δt 供水桶供水的水位差，mm；

      Δt ——入渗时段，min；

      T ——该时段的平均水温，℃。

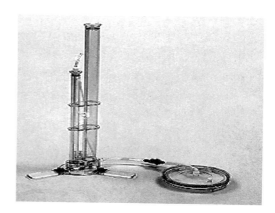

图 5-1-25 双环入渗仪   图 5-1-26 张力入渗仪

5. 植被因子

植被因子监测选取有代表性的地块作为标准地或样地，按照乔木林、灌木林、草地不同规格的投影面积标准大小，调查标准地或样地内的植物多样性、生物量、成活率、冠幅、地径、盖度与密度、生长率、树龄、持水量和其他群落状况。

（1）样地的选择。一般乔木林地中设置的标准地为 10m×10m 或者 30m×30m，灌木林地多为 2m×2m 或者 3m×3m，草地、作物植被为 1m×1m 或者 2m×2m。植被物种组成及数量用设样实测法。

（2）植被覆盖指标及测定。覆盖度是指低矮植被冠层覆盖地表的程度，简称盖度，盖度调查示意图如图 5-1-27 所示。草地盖度测定有针刺法和方格法。

针刺法是在测定范围内选取 1m² 小样方内，借助钢尺均匀划出 100 个测点，用粗约 2mm 的细针，在测点上方垂直插下，针与草相接触即算"有"，如不接触则算"无"，最后计算"有"的出现率即为盖度。

方格法是利用预先制成的面积为 1 的正方形木架，内用经纬绳线分为 100 个的小方格，将方格木放置在样方内的草地上，数出草的茎叶所占方格数，即可算出草地盖度。

植被覆盖率是指植被（林、灌、草）冠层的枝叶覆盖遮蔽地面面积与区域（或流域）总土地面积的百分比。

$$覆盖率 = \frac{\sum C_i A_i}{A} \times 100\% \qquad (5-1-3)$$

式中　　C_i——林地、草地郁闭度或盖度，%；

　　　　A_i——相应郁闭度、盖度的面积，km²；

　　　　A——流域总面积，km²。

植被郁闭度是指树木冠层、枝、叶的垂直投影占调查样方面积的百分数，它反映了植被生长的旺盛、浓密或稀疏程度。常用的方法为树冠投影法即实测立木投影范围勾绘到图上，再量算面积，计算出郁闭度，树冠投影示意图如图 5-1-28 所示。

对于灌木和草枝叶覆盖地面程度的监测方法还有照相法。照相法要求把相机固定在一定的高度，并使镜头在照相时保持水平状态。为此相机配备装置有：一根可伸缩的套杆安装在三脚支架顶部，套杆顶端垂掉下一个长方形铝盒，盒中放置照相机，相机镜头垂直朝下；在铝盒的底部开口，让相机镜头露出铝盒并垂直向下，照相法如图 5-1-29 所示。

测定植被冠层也可用多光谱相机，多光谱图像如图 5-1-30 所示。通过这款仪器，可方便得到高分辨率的灰度或红、绿的近红外波段的图像，进一步通过软件处理可得到其他参数。

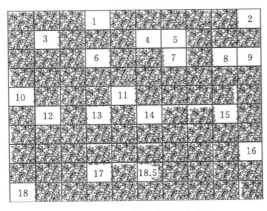

图 5-1-27　盖度调查示意图

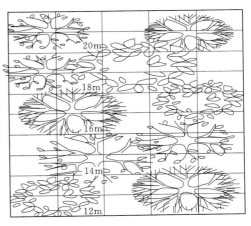

图 5-1-28　树冠投影示意图

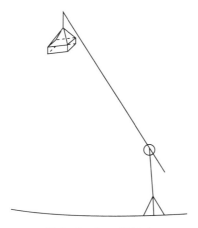

图 5-1-29 照相法

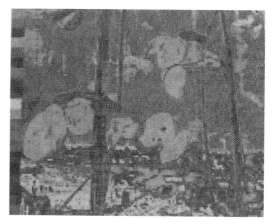

图 5-1-30 多光谱图像

（3）生物量。生物量调查测算方法较多，一般草地生物量用样地全部收割法称重；对灌木亦可采用收割法，或标准株法。标准株法是选取样地中的标准株（地径、高度、冠幅均为平均值），伐倒称重，或分秆、枝、叶等称重计算出全株重，再算出样区生物量。

（4）植株持水量。挖取草本植物称重后，用剪刀剪取地上部分称重后浸入水中，6h后称重；剪取灌木地上部分称重后，取一些样品称重后浸入水中，6h后称重。

（二）社会经济因子

社会经济因子以调查为主。

1. 社会因子

（1）人口劳力调查。

1）人口调查着重调查人口总数、人口密度、城镇人口、农村人口、农村人口中从事农业和非农业生产的人口；各类人口的自然增长率；人口素质、文化水平等。调查方法主要是从乡、村行政部门收集有关资料，按小流域进行统计计算。

2）劳力调查着重调查研究现在劳力总数，其中城镇劳力与农村劳力，农村劳力中男、女、全、半劳力，从事农业与非农业生产的劳力；各类劳力的自然增长率。

（2）农村各业生产调查。着重调查农、林、牧、副、渔各业在土地利用面积、使用劳力数量、年均产值和年均收入等各占农村总生产的比重。

（3）农村群众生活调查。

2. 经济因子

经济因子有国民生产总值、农业产值、粮食总产量、粮食单产量、农民年均产值。

二、水土流失状况监测

（一）水蚀

1. 径流小区

降雨或融雪时形成的沿坡面向下流动的水流为坡面径流，这些流动的水流携带的泥沙量为侵蚀量。坡面径流量、侵蚀量多采用径流小区进行观测。径流小区法是对坡地和小流域水土流失规律进行定量研究的一种重要方法。标准小区的定义是选取垂直投影长20m、宽5m、坡度为5°或15°的坡面，经耕耙整理后，纵横向平整，至少撂荒1年，无植被覆盖的小区。径流小区的组成：一般由边墙、边墙围成的小区、集流槽、集蓄径流和泥沙物设施、保护带以及排水系统组成。径流小区结构布置和观测室如图5-1-31~图5-1-34所示。

径流观测是坡面小区测验中基本的测验项目，目的是通过径流观测与计算，定量说明其产生径流的多少、径流深、系数和径流模数等。

用径流设备量测浑水径流总量，有了此值，就可以计算清水径流总量（W）及径流深（h）和径流系数（α）、径流模数（M_w）：

$$W = W_浑 - V_泥 \qquad (5-1-4)$$

$$h = \frac{W}{A} \times 1000 \qquad (5-1-5)$$

$$\alpha = \frac{h}{P} \qquad (5-1-6)$$

$$M_w = 10^6 \frac{W}{A} \qquad (5-1-7)$$

以上式中　W——清水径流总量，m^3；

　　　　　h——径流深，mm；

　　　　　α——径流系数（小数）；

　　　　　M_w——径流模数，m^3/km^2；

　　　　　$W_浑$——含泥沙的浑水径流总量，m^3；

　　　　　$V_泥$——浑水中的泥沙体积，m^3，由泥沙测验与计算得出；

　　　　　A——小区面积，m^2；

　　　　　P——该次降雨量，mm；

1000，10^6——计算换算常数。

泥沙观测是坡面小区测验的又一基本项目，目的通过测验与计算，定量说明坡面侵蚀产生泥沙的数量特征，并依此计算侵蚀深、侵蚀模数等。量测浑水体积V_i及烘干称重的泥沙重G_i，有了这两值即可按下式计算出含沙量ρ_i：

$$\rho_i = \frac{G_i}{V_i} \qquad (5-1-8)$$

将取得的两个重复样ρ_1、ρ_2相加，求得平均含沙量$\bar{\rho}$。

再与相应的浑水体积相乘，得含沙总重，并将泥沙重换算成体积：

$$G_浑 = V_浑\, \bar{\rho} \qquad (5-1-9)$$

$$V_泥 = \frac{G_泥}{\gamma} \qquad (5-1-10)$$

上二式中　$G_浑$——浑水中泥沙重量，g 或 kg；

　　　　　$V_浑$——浑水体积，L 或 m^3；

　　　　　$\bar{\rho}$——浑水样中平均含沙量，g/L 或 kg/m^3；

　　　　　$V_泥$——浑水中泥沙的体积，L 或 m^3；

　　　　　γ——泥沙容重，g/cm^3。

将收集系统中同一次降水测得的泥沙量相加，得到该次降雨侵蚀的泥沙总重量$G_{泥总}$

和总体积 $V_{总泥}$。据此可计算侵蚀模数 (M_s) 和侵蚀深 (H_s)：

$$M_s = 10^3 \frac{G_{泥总}}{A} \qquad (5-1-11)$$

$$H_s = \frac{V_{总泥}}{A} \times 100 \qquad (5-1-12)$$

式中　M_s——侵蚀模数，t/km^2；

　　　　$G_{泥总}$——测得的侵蚀泥沙总重，kg；

　　　　$V_{总泥}$——测得的侵蚀泥沙体积，m^3；

　　　　A——小区面积，m^2；

　　　　H_s——该小区本次降雨侵蚀深，cm。

泥沙观测通过测验与计算，定量说明坡面侵蚀产生泥沙的数量特征，并依此计算侵蚀深、侵蚀模数。

图 5-1-31　径流小区结构图（一）

图 5-1-32　径流小区结构图（二）

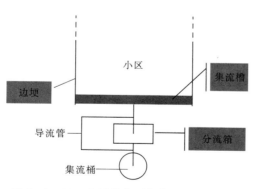

图 5-1-33　小区的主要构件及其平面布置

图 5-1-34　观测室

2. 简易观测场（测钎法）

简易土壤流失观测场是利用一组测钎观测坡面水土流失的设施，常采用 9 根测钎并按"田"字形设置，如图 5-1-35 所示。当坡面大而较完整时，可从坡顶到坡脚全面设置测钎（图 5-1-36），并增大测钎密度。测钎间距一般为 3m×3m 或 5m×5m。

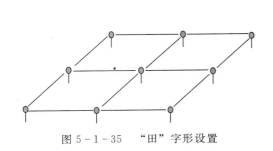

图 5-1-35 "田"字形设置

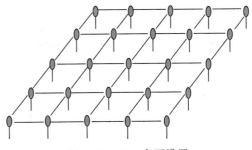

图 5-1-36 全面设置

它的基本原理是在选定的具有代表性的监测坡面上，按照一定的间距将直径为 5mm 的不锈钢钎子布设在整个坡面上，钎子上刻有刻度，一般以 0 为中心上下标出 5cm 的刻度，最小刻度为 1mm。监测时将测钎垂直插入地表，保持 0 刻度与地面齐平，在监测期内监测测钎的读数，将本次读数与上次读数相减，差值为负则表明在监测期内发生了侵蚀，侵蚀强度可以用平均差值计算得到。当差值为正值时，说明监测坡面发生了泥沙沉积，沉积量的大小也可以通过平均差异计算得到。

此法误差大。但简单易行、操作方便。在侵蚀比较强烈的工程建设项目的快速监测中应用广泛。

观测流失前后测钎露出高度差，求算流失厚度。

土壤流失量计算公式为

$$S_T = \frac{\gamma_s SL}{1000\cos\theta} \qquad (5-1-13)$$

式中　　S_T ——土壤流失总量，kg；

　　　　γ_s ——侵蚀泥沙容重，kg/m³；

　　　　S ——简易水土流失观测场水平投影面积，m²；

　　　　L ——平均土壤流失厚度，mm；

　　　　θ ——简易土壤流失观测场坡度。

3. 坡面细沟侵蚀

野外监测细沟水土流失，一般选择有代表性的区段作为样地进行观测（图 5-1-37）。细沟土壤流失量常采用断面量测法和填土置换法来观测。

（1）断面量测法（图 5-1-38）。是用量测侵蚀细沟的断面（宽、深）及断面距来计算其侵蚀量的方法。在小区内从坡上到坡下，布设若干断面，量测每一断面细沟的深度和宽度（精确到毫米），并累加求出该断面总深度和总宽度，直至测完每一个断面。计算侵蚀量如下：

等距布设断面

$$V_{总} = \sum(\omega_i h_i)L \qquad (5-1-14)$$

不等距布设断面

$$V_{总} = \sum(\omega_i h_i l_i) \qquad (5-1-15)$$

式中　　$V_{总}$ ——细沟侵蚀总体积，m³；

　　　　ω_i、h_i ——某断面细沟的总宽度和总深度，m；

　　　　L、l_i ——等距布设断面细沟长和不等距布设断面代表区的细沟长度，m。

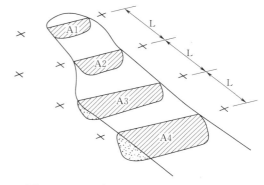

图 5-1-37 坡面细沟观测样地细沟流失量　　图 5-1-38 断面量测法测定细沟流失量

（2）填土置换法。是用一定的备用细土（V_0）回填到细沟中，稍压密实，并刮去多余细土，与细沟两缘齐平，直至填完细沟，量出剩余备用细土体积（V_t），两者之差即为细沟侵蚀体积（$V = V_0 - V_t$）。

4. 泥沙收集

在坡面下方设置蓄水池、在坡脚周边设置沉沙池，在排水渠上建沉沙池等，这些收集径流和泥沙的设施就是泥沙收集器，泥沙收集器和沉沙池如图 5-1-39 和图 5-1-40 所示。

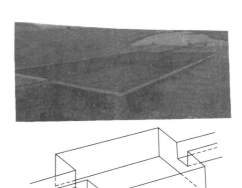

图 5-1-39 泥沙收集器　　　　　　　　　图 5-1-40 沉沙池

测出水流中悬移质与推移质重量比之后，利用量测沉沙池泥沙厚度（在沉沙池的四个角分别量测）和侵蚀泥沙的容重，可以计算沉沙池以上区域的土壤侵蚀量。

悬移质泥沙：一般在断面中心垂直测线上用三点法（$0.2H$、$0.6H$、$0.8H$）或二点法（$0.2H$、$0.8H$）取样（H 为水深），取样 2～3 次，并与测速同时进行。

取得水样后倒入样筒，并立即量积，然后静置足够时间，吸去上部清水，放入烘箱烘干，取出称重得到水样中干泥沙量。将重复样相加（浑水体积与泥沙干重）求平均值，得该次该点泥沙样值，则单位含沙量 ρ 为

$$\rho = \frac{W_s}{V} \qquad (5-1-16)$$

式中 ρ——含沙量，kg/m^3；

  W_s——水样泥沙干重，kg；

  V——浑水体积，m^3。

推移质计算：采样器采集沙样后，经烘干得泥沙干重，就可用图解法或分析法计算推移质输沙率。需先计算各垂线上单位预算宽度推移质基本输沙率，公式为

$$q_b = \frac{W_b}{tb_k} \qquad (5-1-17)$$

式中 q_b——垂线基本输沙率，$g/(s \cdot m)$；

  W_b——采样器取得的干沙重，g；

  t——取样历时，s；

  b_k——采样器进口宽度，m。

沉沙池以上区域的土壤侵蚀量，计算式为

$$S_T = \left(\frac{h_1+h_2+h_3+h_4}{4}\right)S\gamma_s\left(1+\frac{X}{T}\right) \qquad (5-1-18)$$

式中 S_T——排水渠控制的汇水区域侵蚀总量，kg；

  h——沉沙池四角的泥沙厚度，m；

  S——沉沙池底面面积，m^2；

  γ_s——侵蚀土壤容重，kg/m^3；

  $\dfrac{X}{T}$——侵蚀径流泥沙中悬移质与推移质重量之比。

（二）风蚀

风蚀的主要监测内容，包括风蚀影响因子的监测、风蚀量的监测及风蚀危害与防治（降水和温度的变化、地表植被覆盖度和土壤水分的变化、土地利用变化和大气降尘）的监测。下面重点介绍几种常用的监测方法。

1. 测钎

测钎法是在风蚀区，选择有代表性的典型地段，沿主风方向，每隔一定距离（1m 或 2m）布设一测钎，每次吹风前后，观测一次测钎出露高度，直到一个完整的风季结束。配合风速观测，可以算出每次风或一年的风蚀模数。风蚀模数是对风蚀过程结果的度量指标，它能明确指出某地某时段的风蚀强度。适用于测量土壤风蚀及沉积动态变化。

插钎为不易变形、热胀冷缩系数小、不易风化腐蚀的 5mm 粗、50cm 长的钢钎。观测起沙风前和起沙风后测钎出露的高度，用高度差来表示风蚀强度，风蚀测钎如图 5-1-41 所示。在测点上垂直于主风向等距离钎插，在钎子上标刻度。在观测试验开始前布置一列标有刻度的钎子。在观测期内，固定的时间读数。然后平均，用前一次余量减去后一次余量，如果结果为负数表吹蚀，正数表堆积，最后换算成单位面积的土壤风蚀量。

图 5-1-41 风蚀测钎

2. 风蚀桥

风蚀桥是用不易变形的金属制成的"Ⅱ"形框架，由两根桥腿和一根横梁组成。腿长

50cm，梁长 110cm，梁上每隔 10cm 刻画出测量用标记，并按一定顺序进行编号。风蚀桥观测法是测钎测深的改进方法。

风蚀桥观测是用风蚀桥插入风蚀区地面，观测起沙风前和起沙风后风蚀桥面至地表高度的变化，用两者的高度差来表示风蚀强度。

桥面上刻有测量用控相距离（10cm），在每个控相距离线上测定风蚀前后两次桥面到地面点的高度差，就能得出平均风蚀深，若再测出桥腿打入该地面物质的容重，就能算出当地风蚀模数。

计算出的地面高程变化量就是风蚀厚度。

风蚀桥下地面高程的变化量（风蚀量）ΔH_j 为

$$\Delta H_j = \sum_{i=1}^{n} \frac{\Delta H_i}{n} \tag{5-1-19}$$

式中　　n ——每个风蚀桥上观测的次数；

ΔH_j ——大风前后（一定时段后）每个测量标记到地面距离的变化量。

风蚀桥及风蚀桥的布置如图 5-1-42 和图 5-1-43 所示。

图 5-1-42　风蚀桥

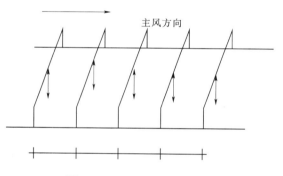

图 5-1-43　风蚀桥布置图

图 5-1-44　旋转式集沙仪示意图

3. 集沙仪

风沙输移量是指在风的作用下单位时间段内从某一观测断面通过的沙量。风沙输移量是风蚀监测的重要指标之一，常用集沙仪（图 5-1-44和图 5-1-45）进行监测。集沙仪分固定式和自动旋转式。

除了上述仪器外，生产中也常用风蚀自动观测采集系统，如图 5-1-46 所示。

将集沙仪收集口正对着来风方向，一般要求下缘与地表紧密吻合，收集地面以上某一高度处面积（一般为宽度 3.0cm、高度 4~5cm 的矩形）的风沙量，并记录起沙风起止时间。野外风带风向多变，集沙时间不宜太长，对于大于 9m/s 的风，一般集沙 0.5～2min，对于小于 9m/s 的风，一般集沙 2～5min。一场起沙风结束后，将集沙仪收集袋内沙粒全部取出称重，即可得到风吹蚀物质的重量。将建设区垂直风向的长度乘以集沙仪收集高（如 50cm），即为通过该区的风沙流断面面积，再乘以上述单位面积吹蚀物，或与单位面积单位时间风蚀物与起沙风的历时相乘，得该次起沙风的风蚀量。观测一年中（或监测期）的多次风蚀量，可得年（或监测期）总风蚀量。

图 5-1-45 集沙仪

图 5-1-46 风蚀自动观测采集系统

单次起沙风的风蚀量：

$$G_i = 10G\frac{HL}{A} \tag{5-1-20}$$

单位面积风蚀量：

$$g_{it} = \frac{G}{A} \tag{5-1-21}$$

单位面积单位时间风蚀量：

$$g_i = \frac{G}{At} \tag{5-1-22}$$

监测期的风蚀量：

$$G_T = \sum_{i=1}^{n} G_i \tag{5-1-23}$$

以上式中　　G_i——单次起沙风的风蚀量，kg；

　　　　　　G——集沙仪收集的全部沙粒的重量，g；

　　　　　　H——集沙仪收集高，m；

　　　　　　L——建设区垂直风向的长度，m；

　　　　　　A——集沙仪收集断面面积，cm²；

　　　　　　g_{it}——单次起沙风单位面积风蚀量，g/cm²；

　　　　　　g_i——单次起沙风单位面积单位时间风蚀量，g/(cm² · min)；

　　　　　　t——单次起沙风的历时，min；

图 5-1-47 阿富汗东北部巴达赫尚省
山体滑坡

n——监测期内的起沙风次数；

G_T——监测期的风蚀量，kg。

（三）重力混合侵蚀

重力侵蚀系指坡面岩体、土体在重力作用下，失去平衡而发生位移的过程。我国重力侵蚀形式，有滑坡（图 5-1-47）、泻溜、崩塌以及以重力为主兼有水力侵蚀作用的崩岗、泥石流等。对重力侵蚀的监测主要包括侵蚀形式及数量。

1. 滑坡监测

滑坡监测的内容，有变形监测（图 5-1-48）、相关因素监测、变形破坏宏观前兆监测。

图 5-1-48 重庆市巫山县阳坡滑坡变形
（变形监测）

图 5-1-49 埋桩法测量滑坡体后缘位移量
（位移监测）

（1）变形监测。变形监测：位移监测（图 5-1-49）、倾斜监测与滑坡变形有关的物理量监测。

位移监测分为地表和地下的绝对位移和相对位移。

绝对位移，监测滑坡、崩塌的三维形成和变形相关因素监测 X、Y、Z 位移量、位移方向和位移速率。

相对位移，监测滑坡、崩塌重点变形部位裂缝、崩滑面（带）等两侧点与点之间的相对位移量，包括张开、闭合、错动、抬升、下沉等。

倾斜监测分为地面倾斜监测和地下倾斜监测，监测滑坡、崩塌的角变位与倾倒、倾摆变形及切层蠕滑。

与滑坡变形有关的物理量监测：地应力、推力监测和地声、地温监测。

（2）形成和变形相关因素监测：

1）地表水动态。包括与滑坡、崩塌形成和活动有关的地表水的水位、流量、含沙量等动态变化，以及地表水冲蚀情况和冲蚀作用对滑坡、崩塌的影响，分析地表水动态变化与滑坡、崩塌内地下水补给、径流、排泄的关系，进行地表水与滑坡、崩塌形成与稳定性的相关分析。

2）地下水动态。包括滑坡、崩塌范围内钻孔、井、洞、坑、盲沟等地下水的水位、水压、水量、水温、水质等动态变化，泉水的流量、水温、水质等动态变化，土体含水量等的动态变化。分析地下水补给、径流、排泄及其与地表水、大气降水的关系，进行地下水与滑坡、崩塌形成与稳定性的相关分析。

3）气象变化。包括降雨量、降雪量、融雪量、气温等，进行降水等与滑坡、崩塌形成与稳定性的相关分析。

4）地震活动。监测或收集附近及外围地震活动情况，分析地震对滑坡、崩塌形成与稳定性的影响。

5）人类活动。主要是与滑坡、崩塌的形成、活动有关的人类工程活动，包括洞掘、削坡、加载、爆破、振动，以及高山湖、水库或渠道渗漏、溃决等，并据以分析其对滑坡、崩塌形成与稳定性的影响。

（3）变形破坏宏观前兆监测。包括宏观形变、宏观地声、动物异常观察、地表水和地下水宏观异常。

1）宏观形变，包括滑坡、崩塌变形破坏前常常出现的地表裂缝和前缘岩土体局部坍塌、鼓胀、剪出，以及建筑物或地面的破坏等。测量其产出部位、变形量及其变形速率。

2）宏观地声，监听在滑坡变形破坏前常常发出的宏观地声，及其发声地段。

3）动物异常观察，观察滑坡变形破坏前其上动物（鸡、狗、牛、羊等）常常出现的异常活动现象。

4）地表水和地下水宏观异常，监测滑坡、崩塌地段地表水、地下水水位突变（上升或下降）或水量突变（增大或减小），泉水突然消失、增大、变混或突然出现新泉等。

2. 泥石流监测

泥石流（图5-1-50）监测内容，分为形成条件（固体物质来源、气象水文条件）监测、运动特征（流动动态要素、动力要素和输移冲淤）监测、流体特征（物质组成及其物理化学性质）监测。

（1）形成条件监测：

1）固体物质来源监测。固体物质来源是泥石流形成的物质基础，应进行稳定状态监测。

2）气象水文条件监测。重点监测降雨量和降雨历时。

图5-1-50 甘肃舟曲泥石流

（2）运动特征监测。包括流动动态监测、动力要素监测、输移冲淤监测等。

1）动态要素监测，包括爆发时间、历时、过程、类型、流态和流速、泥位、流面宽度、爬高、阵流次数、沟床纵横坡度变化、输移冲淤变化和堆积情况等，并取样分析，测定输砂率、输砂量或泥石流流量、总径流量、固体总径流量等。

2）动力要素监测，流体动压力、龙头冲击力、石块冲击力和泥石流地声频谱、振幅等。

（3）流体特征监测。包括固体物质组成（岩性或矿物成分）、块度、颗粒组成和流体稠度、重度（重力密度）、可溶盐等物理化学特性。

泥石流观测的基本方法是断面法，以下主要阐述断面法。

断面法是在泥石流频繁活动的沟谷，选择适于建设的观测断面和辅助断面、建立各种测流设施，如缆索、支架、探索泥沙设施、浮标投放设施等，来观测泥石流过程变化、历时、泥位、流量特征的方法。

泥石流发生时，泥石流通过两断面（主断面和辅断面），由投放浮标可测得流速；主断面悬杆或继电器测泥石流泥位，并计时；并采集泥沙样品一个或多个。泥石流结束后，观测一次断面变化（主断面），并计算出过流面积。

有了上述泥石流过流面积 W、流速 V、历时 t、取样测到的含沙量 ρ，不难算出以下泥石流特征值：

峰值流量：

$$Q_{max} = W_{max} V_{max} \tag{5-1-24}$$

浆体径流量：

$$W = \overline{Q} t \tag{5-1-25}$$

固体径流量：

$$W_s = W \overline{\rho} \tag{5-1-26}$$

式中　　W_{max} ——泥石流最大时的过流断面积，m^2；

V_{max} ——最大流速，m/s；

W ——泥石流浆体的流出总量，m^3；

$\overline{Q}$ ——泥石流全过程平均流量，m^3/s；

t ——泥石流全过程历时，s；

W_s ——泥石流夹带固体物质干质量，kg；

$\overline{\rho}$ ——泥石流过程平均砂石含量，kg/m^3。

3. 泻溜监测

泻溜也称撒落，是指斜坡上的土（岩）体经风化作用，产生碎块或岩屑，在自身重力作用下沿坡面向下坠落或滚动的现象。

泻溜物顺坡下落进入收集槽，可于每月、每季或每年清理收集槽中泻溜物称重（风干重），然后加总得年侵蚀量，用收集坡面面积去除得到单位面积侵蚀量，最后将坡面侵蚀量换算为平面侵蚀量即可：

$$M = M_b \cos\alpha \tag{5-1-27}$$

式中　　M ——投影面上单位面积侵蚀量，t；

M_b ——坡面上单位面积侵蚀量，t；

α ——坡度，（°）。

泻溜观测有两种基本方法：集泥槽法和测针法。

（1）集泥槽法。集泥槽法是在要观测的典型坡面底部，紧贴坡面用青砖砌筑收集槽，收集泻溜物，算出泻溜剥蚀量的方法。

（2）测针法。是将细针（通常用细钉代替）按等距布设在要观测的裸露坡面上（图5-1-51），从上到下形成观测带（岩性一致也可以从左到右），带宽1m；若要设置重复，可相邻布设两条观测带，通过定期观测测针坡面到两测针顶面连线距离的大小变化，计算出泻溜剥蚀的平均厚度。

$$B = \frac{L}{\cos\alpha} \qquad\qquad (5-1-28)$$

$$S = AB = \frac{AL}{\cos\alpha} \qquad\qquad (5-1-29)$$

式中 B ——观测坡面的水平长度，m；

$\quad\quad A$ ——观测坡面的水平宽度，m；

$\quad\quad L$ ——观测坡面的倾斜长度，m；

$\quad\quad S$ ——观测坡面面积，m²；

$\quad\quad \alpha$ ——观测坡面的坡度，(°)。

应用泥槽法直接称重（风干），除以 S 得每平方米剥蚀量；应用测针法，在算出平均剥蚀厚度后乘以1m² 得体积，再乘以（岩体）容重即得1m² 斜面剥蚀重量，除以 $\cos\alpha$ 即得每平方米侵蚀量。

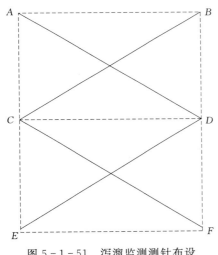

图 5-1-51 泻溜监测测针布设

图 5-1-52 江西崩岗地貌

4. 崩岗监测

崩岗通常指的是发育于红土丘陵地区冲沟沟头因不断的崩塌和陷落作用而形成的一种转椅状侵蚀（图 5-1-52）。崩岗的监测一般均采用排桩法，即在崩岗区设置基准桩和测桩。

（四）冻融侵蚀

冻融侵蚀主要监测指标包括冻土厚度、冻结期、热融位移量、热融侵蚀面积等。

1. 寒冻剥蚀观测

由于昼夜温差大，岩石节理中水分白天消融下渗，晚间冻结膨胀，反复作用破坏岩体。在高山上，长期处于低温状态，表层岩石的冻缩产生裂隙形成寒冻崩解，使岩体破坏（图 5-1-53）。相当于水蚀中面状剥蚀。本项观测使用收集法或测钎法。

收集法需要在观测的裸岩坡面坡脚设一收集容器，定期称重该容器内的剥蚀坠积物，并量测坡面面积和坡度，即可获得剥蚀强度。

图 5-1-53 寒冻剥蚀

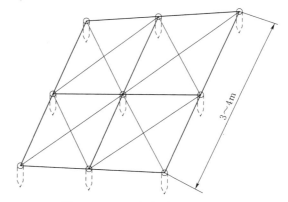

图 5-1-54 寒冻剥蚀测钎布设

当坡面岩石变化大，剥蚀差异明显可采用测钎法。测钎布设（图5-1-54）时，尽量利用岩层裂缝或层间裂缝，使测钎呈排状，间距可控制在1.5～2.0m，量测钎顶连线到坡面的距离，并比较两期的测量值，即可知剥蚀厚度。

2. 热融侵蚀观测

热融侵蚀从形式上看是地表的变形与位移，可应用排桩法结合典型调查来进行。在要观测的坡面布设若干排桩及几个固定基准桩，由基准桩对测桩逐个作定位和高程测量并绘制平面图，然后定期观测。当热融侵蚀开始发生或发生后，通过再次观测，并量测侵蚀厚度，由图量算面积，即可算出侵蚀体积。

三、水土流失危害指标

水土流失危害调查的方法主要是向水利部等部门收集有关对当地和下游河道的危害资料，并进行局部现场调查验证，着重调查降低土壤肥力、破坏地面完整及由于其危害造成当地人民生活贫困、社会经济落后，对农业、工业、商业、交通、教育等各业带来的不利影响。

（一）对当地的危害

减少土地资源数量、土地质量下降（有效土层变薄、土壤肥力下降、土壤质量恶化和土壤污染）、可利用土地资源经济损失。

对侵蚀活跃的沟头，现场调查其近几十年来的前进速度（m/a），年均吞噬土地的面积（hm²/a）。用若干年前的航片、卫片，与近年的航片、卫片对照，调查由于沟壑发展使沟壑密度（km/km²）和沟壑面积（km²）增加，相应地使可利用的土地减少。

（二）对下游的危害

对下游的危害着重调查加剧洪涝灾害，泥沙淤塞水库、塘坝、农田及河道、湖泊和港口等。

（三）泥沙淤积危害

泥沙淤积危害包括危害主体工程、危害设施利用、洪涝灾害等。

（四）水资源污染

水资源污染包括水体富营养物质、非营养物质、病菌等。

第二节 水土保持措施监测

一、措施类型

水土保持综合治理措施主要分为水土保持工程措施、水土保持林草措施、水土保持农业耕作措施等类型。我国根据兴修目的及其应用条件，水土保持工程措施可分为山坡防护工程、山沟治理工程、山洪排导工程、小型蓄水用水工程。

水土保持措施监测，主要采用定期实地勘测与不定期全面巡查相结合的方法，同时记录和分析措施的实施进度、数量与质量、规格，及时为水土流失防治提供信息。

不同水土保持措施的监测指标见表5-2-1。

表5-2-1　　　　　　　　　　　不同水土保持措施的监测指标

措施类型	措施名称	监测指标
工程措施	梯田	梯田面积、工程量
	沟头防护工程	工程数量、工程量
	谷坊	谷坊数量、工程量、拦蓄泥沙量、淤地面积
	淤地坝	数量、工程量、坝控面积、库容、淤地面积
	小型排引水工程	截水沟数量、截水沟容积、排水沟数量、沉沙池数量、沉沙池容积、蓄水池数量、蓄水池容积、节水灌溉面积
植物措施	林草	乔木林面积、灌木林面积、林木密度、树高、胸径、树龄、生物量、草地面积
耕作措施	耕作措施	等高耕作种植面积、水平沟种植面积、间作套种面积、草田轮作面积、种植绿肥面积

二、水土保持措施监测指标的监测方法

（一）工程措施

1. 梯田

梯田是对原坡耕地经人工或机械修筑，且具有一定水土保持功能的阶梯状农田。梯田有水平梯田、坡式梯田、隔坡梯田三类。

梯田面积一般由实地测量其平均宽度和长度相乘算出，也可由航片或土地利用勾绘，再用求积仪量测。

水平梯田面积计算，应扣除埂坎占地面积。

埂坎占地面积计算式为

$$S = LH \cot\alpha \qquad (5-2-1)$$
$$H = B_m \tan\theta \qquad (5-2-2)$$

式中　　L——埂坎长度，m；

　　　　H——埂坎高度，m；

　　　　B_m——梯田毛宽，即梯田宽与埂坎宽之和，m；

　　　　α、θ——埂坎坡角与原坡面坡度，(°)。

坡式梯田需将图面水平宽度换成斜坡宽，并扣除地埂占地。

斜坡宽 B 的计算式为

$$B = B'/\cos\theta \qquad (5-2-3)$$

梯田工程量是指修筑单位面积水平梯田的平均动土量与面积的乘积、平均土方移动量与面积的乘积。

单位面积土方量：

$$v = \frac{1}{8}BHL \qquad (5-2-4)$$

每公顷面积土方量：

$$V = 1250H \qquad (5-2-5)$$

单位面积土方运移量：

$$w = \frac{1}{12}B^2HL \qquad (5-2-6)$$

每公顷面积土方运移量：

$$W = 104.1BH \qquad (5-2-7)$$

以上式中 v，V——土方量，m^3；

$\qquad H$——梯埂高度，m；

$\qquad L$——单位面积梯埂长，m；

$\qquad w$，W——土方运移量，$m^3 \cdot m$。

应该说明，上述土方量及运移量均未包括拦蓄埂的方量的工作量。

2. 沟头防护工程

沟头防护是为了防治坡面径流下泄，引发沟头溯源侵蚀的小型治沟工程。沟头防护数量指已修建，并发挥蓄水或护沟功能的数量，单位为座（处）或 m。

沟头防护工程量是指修建该工程动用的土石方量，单位为 m^3。

蓄水式沟头防护工程可在实地量测围埂长度、宽度（底宽和顶宽）和高度后计算出工程量；排水式沟头防护工程也可实地量测或由设计算出。

3. 谷坊

在沟底下切侵蚀剧烈的沟道中，为巩固和抬高沟床、稳定沟坡而修建的小型治沟工程，称为谷坊。

修建完成并已发挥功能的谷坊数量，即谷坊数量，单位为座。

修建谷坊所动用土石方的数量，即谷坊工程量，单位为 m^3。

一般可通过实际量测谷坊的底宽、顶宽、谷坊高和长度几个基本要素计算出来。

谷坊拦沙量和淤地面积是指已拦蓄泥沙量和已淤出可利用的土地面积。

拦蓄泥沙量、淤地面积在未淤满全部容量前是一个变数，实地测量。淤积宽、长，最大深度，谷坊上下游坡比、溢洪口高，以及沟谷断面变化、沟谷纵坡降等要素，计算出拦泥体积、淤地面积。

全部容积淤满，在无损情况下保持不变。若工程毁损，还应减去拦沙量、淤地面积或实际损失部分。

4. 淤地坝

淤地坝是我国北方黄土区在沟谷修建的规格较大，以拦泥淤地为主要目的的治沟工程。淤地坝数量是指已建成，并正在发挥拦泥作用或正常种植生产的坝数量，单位为座。

测量淤积面高程，就能从水位（高程）-库容关系曲线和水位（高程）-淤积面积关系曲线上查出淤积泥沙体积和淤积面积。

淤地坝工程量是指修建淤地坝动用的土方和石方的总体积，单位为 m^3。本指标采集多由设计图上计算得出。

5. 小型排引水工程

用于减少坡长和载留坡面径流的沟槽，称为截水沟，单位为 m。

排水沟是在南方多雨区的坡面上，为防治坡面冲刷而设置的集流排泄沟槽，单位为 m。

沉沙池设在坡面径流汇集的浅沟，用以沉积泥沙，单位为座。

蓄水池设于坡面径流汇集的沟槽中，用于拦蓄和利用径流。

上述数量由现场调查统计得出。

截水沟容积由测量取得、沉沙池和蓄水池需由实地典型调查取得。

（二）植物措施

1. 水土保持林面积

水土保持林是指干旱、风沙、水土流失等危害严重地区，以改善生态环境、涵养水源，保持水土等为目的而营造和经营的森林。

水土保持林面积的采集一般通过实地调查，现场勾绘图斑，然后量算得出；若有近期航片或卫片，也可以通过建立判别标志，用遥感资料提取。

2. 林木密度

林木密度是指单位面积上栽植和生长林木的株数，单位为株/hm^2。

林木密度指标采集由样地调查取得。每块样地大小分别是乔木林为 10m×10m 或 30m×30m，灌木林为 5m×5m，经济林一般为 5m×5m～30m×30m。样地多少由抽样比例决定，抽样比例见表 5-2-2。

表 5-2-2 **林地调查抽样比例**

造林面积/hm^2	<10	10～50	>50
抽样比例/%	3～5	2～3	1～2

林草面积核查，可以用 GPS 等测量工具现场量测林草地面积，并调绘在地形图上进行面积核查。

3. 生物生产量

测定生物量的基本方法是在选设有代表性样地内，采用如下方法：

（1）实测法。对乔木、灌木全部伐倒，分别测茎干、枝、叶、果等器官的重量；对草本则全部刈割，风干称重。

（2）平均木法。在样地内选取具有林分平均胸径和树高的样株伐倒，分别称重不同器官，再与总株数相乘而得到。

（3）相关曲线法。对已实测到的生物量与胸径、树高建立相关曲线；然后，利用该曲线在测得的胸径、树高后代入，求出生物量。

4. 水土保持草地

水土保持草地面积是指天然草地及各种荒地上人工种植、更新、退耕还草、封禁育草、过牧退化草场补种等方式，形成具有水土保持作用，促进牧副业发展，增加经济收益的草地面积，单位为 hm^2。草地面积采集方法同水土保持林面积采集方法。

更新草地是指放牧或刈割，兼有水土保持作用，并依据多年生草类的生理特点，生长多年后需进行更新或换种的草地。本指标由调查或统计得出。

（三）耕作措施

耕作措施是指通过农事耕作以改变微地形、增加地表覆盖、增加土壤入渗等提高土壤抗蚀性能、保水保土，防治土壤侵蚀的方式。

1. 改变微地形措施

等高耕作，是一种沿等高线耕作种植的方式，能够减轻水土流失，提高作物产量。种植面积多用现场量测方法，也可用调绘填图法，然后在室内量图统计取得。

水平沟种植也称沟垄种植，在坡地上沿等高线用套二犁的方法耕作，形成沟垄相间的地面，蓄水减蚀作用较好，单位为 hm^2。采集方法同等高耕作。

2. 增加地面覆盖措施

间作与套种指在同一坡面上同期种植两种（或两种以上）作物，或先后（不同期）种植两种作物，以增加地面覆盖度和延长覆盖时间，减轻水土流失。采用该法种植的面积为间作套种面积，单位为 hm^2。采集方法同水平种植。

在一些地多人少的农区或半农半牧区，实行草田（粮）轮作种植以代替轮歇撂荒，改良土壤，保持水土，采用该法种植的面积，即为轮作面积，单位为 hm^2。采集方法同水平种植。

为了培肥地力而短期种植毛苕子、草木樨等豆科牧草，待要种植下茬作物前，将其刈割或直接翻压于土壤中，增加土壤有机质，称为种植绿肥，种植面积为 hm^2，一般通过现场调查或访问得出。

3. 增加土壤入渗措施

利用物理和化学的方法，改变土壤性状，增加入渗，削弱侵蚀力，提高抗蚀能力。采用该法的面积即增渗保土面积，单位为 hm^2。采集方法同水平种植。

留茬播种亦称免耕，残茬覆盖也称覆盖种植，单位为 hm^2。采集方法同水平种植。

第三节　水土保持生态、经济、社会监测

一、生态效益

生态效益包括水圈生态效益、土圈生态效益、气圈生态效益、生物圈生态效益。

（一）水圈生态效益

1. 减少洪峰流量

通常选择治理前与治理后在年降雨相近的条件下进行比较算出。

$$\Delta W_1 = W_{a1} - W_{b1} \tag{5-3-1}$$

式中　ΔW_1——减少的洪水总量，m^3；

　　　W_{a1}——治理前洪水年总量，m^3；

　　　W_{b1}——治理后洪水年总量，m^3。

2. 增加枯水流量

通常选择治理前与治理后在年降雨相近的条件下进行比较算出。

$$\Delta W_2 = W_{a2} - W_{b2} \tag{5-3-2}$$

式中　ΔW_2——增加的常水年径流量，m^3；

　　　W_{a2}——治理后常水年径流量，m^3；

　　　W_{b2}——治理前常水年总量，m^3。

（二）土圈生态效益

1. 改善土壤物理性质

通常用治理前和治理后的土样进行分析对比求出。一般分析计算项目包括土壤水分、氮含量、磷含量、钾含量、有机质含量、团粒含量、孔隙率等。

2. 土壤渗透速度增加

一般对土壤耕作层进行测试，将治理后测试的前30min速度与未治理前的前30min速度相比而得。

（三）气圈生态效益

1. 改善小气候

观测近地地层小尺度范围的气象要素。观测项目有辐射、温度、湿度、风、降水、蒸散、热量等。对治理前、后两期各因子进行观测和比较取得改善小气候各指标。

2. 释放氧气

植被恢复，光合作用面积增加，除同化二氧化碳积累有机质外，还会释放大量的氧气。可由治理前、后两期大气中氧的含量观测值计算出来。

3. 净化大气

通过采集治理前后空气样品，分析一些相同指标，进行比较计算，可得出净化功能的变化。

（四）生物圈生态效益

1. 植物降水利用效率

植物降水利用效率是指通过治理和拦蓄减少径流后，植物对降水利用增加的百分数。可用治理前后植物年蒸腾水量之差与年降水量的比值来表达。

2. 环境质量提高率

环境质量提高率是反映流域治理前后环境质量的变化，以及经过治理环境质量提高的指标。由环境质量评价的多个因子比值与评价权数之积求出。

3. 保护生物多样性

可通过调查观察治理前后野生动植物种类、数量的变化，进行定量定性描述。采用的指标有种数、多度、优势度和频度。

多度是某植物种在调查样地内出现的个体数量。

优势度是指某种植物的冠层覆盖、地上部分体积和重量，三项在群落中所占的份额，优势度大的种决定了群落的外貌。

频度是某种植物在群落内分布的均匀程度，由调查计算出来。

4. 光能利用率

把一定时段内单位面积上作物积累的化学潜能与同时段投射到该面积上的太阳辐射能之比，称为光能利用率。

5. 系统抗逆力

流域生态经济系统在灾害年份的产值与正常年份产值之比，能反映系统的稳定度或系统抵御自然灾害的能力，自然数系统抗逆力。

二、经济效益

（一）直接经济效益

1. 增产

经过治理，土地生产力提高，用治理后单位面积生产量的平均值与治理前的平均值之差表示增产量。

2. 增收

经过综合治理，生态环境改善，资源利用率提高带来年生产收入的增加。

3. 草地载畜量

一定的草地面积，于一定的利用时期内，在适度利用原则下，能够维护草地良性生态循环并保证家畜正常生长发育、繁殖，所能饲养家畜的最大数量，称为草地载畜量。

4. 水资源增值

由于实施小型水利水保工程后，为当地群众的生产、生活提供较多水源；或改善水质后，提供的有用水资源，从而获得水资源增值。

$$S = W(P - C) \tag{5-3-3}$$

式中　S——水资源增值，元/a；

W——蓄水或引水量，m^3/a；

P——生活用水或灌溉用水水价，元/($m^3 \cdot a$)；

C——管理成本，元/($m^3 \cdot a$)。

（二）静态经济效益

1. 净效益

净效益为治理某时段内农、林、牧业及其他的全部总效益，与治理总投资和其他消耗费用之差。

$$P = B - (K + C) \tag{5-3-4}$$

式中　P——净效益，元；

B——经济计算期内全部治理措施产生的总效益，元；

K——治理总投资，元；

C——经济计算期内全部治理措施的总运行费，元。

2. 效益费用比

总收益与总投资的比，也称为产投比。

$$R = \frac{B}{K + C} \qquad (5-3-5)$$

式中　R——效益费用比；

　　　B——经济计算期内全部治理措施产生的总效益，元；

　　　K——治理总投资，元；

　　　C——经济计算期内全部治理措施的总运行费，元。

3. 投资回收年限

$$T = \frac{K}{\overline{B} - \overline{C}} \qquad (5-3-6)$$

式中　T——投资回收年限，a；

　　　K——治理总投资，元；

　　　$\overline{B}$——经济计算期内全部治理措施产生的平均年效益，元/a；

　　　$\overline{C}$——经济计算期内全部治理措施产生的平均年运行费，元/a。

4. 经济效益系数

将投资回收年限计算式中的分子与分母颠倒即得经济效益系数，它表达年净收益占总投资的份额，计算式为

$$E = \frac{\overline{B} - \overline{C}}{K} \qquad (5-3-7)$$

式中　E——经济效益系数。

（三）动态经济效益

1. 投资回收期

流域治理后，回收的年净效益现值总和正好等于历年投资现值总和的年限，单位为a。

$$T_0 = \frac{K}{W} \qquad (5-3-8)$$

式中　T_0——投资回收期；

　　　K——历年投资现值总和；

　　　W——年均净效益现值。

2. 动态净效益

将整个投资期间逐年的投资与经济计算期内逐年的效益，按相应的经济报酬率折算成现值进行比较，计算出折合现值后的净效益。

3. 动态效益费用比

本指标与静态分析一致，所不同的是考虑了利率，是指综合治理分析期内总效益现值与总费用现值之比。

（四）间接经济效益

1. 基本农田比坡耗地节约的土地和劳工

在获得同样总产量下，种植坡耕地所需要用工与种植基本农田所需要用工之差即为基本农田节约劳工数，单位为工日。

$$\Delta E = E_b - E_a = F_b e_b - F_a e_a \qquad (5-3-9)$$

式中　ΔE——基本农田节约劳工数，工日；

E_b ——种坡耕地总需的劳工，工日；

E_a ——种植基本农田总需的劳工，工日；

e_b ——种植坡耕地单位面积需劳工，工日/hm²；

e_a ——种植基本农田的单位面积需劳工，工日/hm²；

F_b ——需坡耕地的面积，hm²；

F_a ——需基本农田的面积，hm²。

2. 人工种草养畜比天然牧场节约的土地

某区域获得等量饲草，需要天然稀草地比需用人工草地的面积之差，即为节约牧业用地面积：

$$\Delta F = F_b - F_a = V/P_b - V/P_a \qquad (5-3-10)$$

式中　ΔF ——节约的牧业用地面积，hm²；

F_b ——天然稀草地需用地总面积，hm²；

F_a ——人工草地需用地总面积，hm²；

V ——发展畜牧需饲草总量，kg；

P_b ——天然草地单位面积产草量，kg/hm²；

P_a ——人工草地单位面积产草量，kg/hm²。

三、社会效益

（一）减轻自然灾害

1. 防洪效益

$$\Delta X = X_{fq} - X_{fh} \qquad (5-3-11)$$

式中　ΔX ——减洪效益；

X_{fq} ——治理前洪水淹没损失；

X_{fh} ——治理后洪水淹没损失。

2. 减沙效益

$$K = VP \qquad (5-3-12)$$

式中　K ——减沙效益；

V ——年减沙量；

P ——清沙单价。

3. 减轻面源污染

$$P = K(W_a C_a - W_b C_b) \qquad (5-3-13)$$

式中　P ——减轻面源污染效益，元/a；

K ——污染物处理单价，元/t；

W_a、W_b ——治理前、后年污水总量，m³/a；

C_a、C_b ——治理前、后污染物含量，t/m³。

4. 保护土地

$$\Delta f = f_b - f_a \qquad (5-3-14)$$

式中　Δf ——保护土地效益；

f_b ——治理前年均损失的土地，hm²；

f_a ——治理后年均损失的土地，hm²。

（二）促进社会进步

1. 土地利用率

已利用土地面积与土地总面积之比的百分数。

2. 农业劳动生产力

用消耗单位活动劳动所创造产品的产值来表示。

3. 劳动力利用率

实用工日数与全年拥有工时数之比的百分数。

4. 人均纯收入

流域内一定时段的纯收益与该时期流域内人口数的比值。

5. 人均粮食

流域内粮食总产量与农业人口的比值。

6. 土地生产力

单位面积土地所生产的产品量或价值量。

7. 恩格尔系数

人均食品消费支出占总消费支出的比值。

8. 农产品商品率

全年农产品转化为商品的产值与全年农产品产值之比的百分数。

9. 土地人口承载力

现多用 W. 福格特公式计算：

$$C = B/E \qquad (5-3-15)$$

式中　C ——土地人口承载力；

　　　B ——当地土地资源在充分利用智力、技术条件下可提供的食物产量；

　　　E ——环境阻力。

第六章 水生态保护管理

第一节 水生态保护技术标准体系

为解决水资源短缺问题，实现水资源合理配置，满足防洪、供水、发电、航运等方面的要求，我国仍然需要修建大量水利水电工程。因水利工程建设而引发的生态和环境问题受到社会高度关注，如三峡工程的生态环境影响、南水北调可行性论证及怒江开发之争等。然而，目前水利工程建设的生态和环境保护相关标准还不完善，降低了生态和环境保护的有效性。标准是开展水利工程生态保护工作的基础，标准体系是水利工程生态保护技术标准按照其内在联系构成的科学有机整体。把水利工程生态保护方面的标准纳入一个完整统一的系统，可避免各部门、各环节之间标准的冲突或缺漏，标准体系建设起着基础性、导向性和根本性的作用。

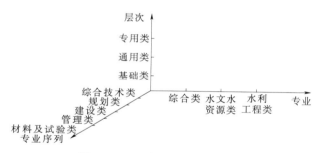

图 6-1-1 水利技术标准体系

一、标准体系需求分析

我国现行的水利技术标准体系（图 6-1-1）按层次分为基础类、通用类、专用类；按专业序列分为综合技术类、规划类、建设类、管理类、材料及试验类等；按专业门类分为综合类、水文水资源类、水利工程类等。

按照《水利标准化管理办法》的要求，水利标准化工作的主要任务是实现国家新时期水利工作的总体目标，建立并完善水利技术标准体系，编制并实施水利技术标准。目前，我国水利工程规划、设计及运行等标准多是水利部和原水利电力部制定的，标准中水利工程生态保护内容较少，水利工程生态保护技术标准一般包含在水工程建设的相关标准之中。根据水利部公告，现行水利技术标准共 435 项，属于生态环境保护范畴的仅有 12 项，没有形成较为完整的生态环境类标准体系。

现行标准中涉及水利工程生态环境的标准有《江河流域规划环境影响评价规范》《环境影响评价技术导则水利水电工程》等。但是，上述标准多是对水利工程的环境影响评价行为进行规范和约束，缺乏水工程规划、设计、运行的生态保护标准。从现有的标准体系来看，存在如下问题：一是现有规划设计技术规范中，有关生态环境保护的指标很少，对于河流、流域尺度的生态影响考虑较少，工程规划设计中难以科学确定保护和修复的目标，措施设计缺乏依据；二是现有的生态环境保护行业标准较混乱，现行的有关河流生态需水量确定、水生生物保护等方面的技术规定对水资源属性和适度开发重要性考虑不周，许多内容脱离流域经济发展、水资源利用和工程规划建设的实际，造成水利工程建设管理工作与流域生态保护脱节的被动局面；三是水生态环境保护技术规范缺乏，在水利规划设计中，有关流域规划环境保护、环境影响评价、河流生态系统健康评价、生态与环境保护的水工程调度、流域生态修复与重建等方面的技术依据不足。按照生命周期理论，水利工程建设分为规划、设计和运行三个阶段，各阶段对生态环境保护的需求存在以下问题。

（一）规划阶段

在现行标准规范中，仅提出了宏观的生态保护要求，生态环境保护缺乏有效的、可量化的指标，不便在工程规划设计中进行表征和控制，难以评估规划方案的环境合理性，规划设计中难以科学确定保护和修复的目标。水能资源开发的"技术可行经济最优"的工程目标，有关"理论蕴藏量""经济技术可开发量"的计算，未考虑生态环境约束。规划及工程的环境影响评价是环境保护的主要依据，由于基础理论研究不足，环境评价的理论、指标、规范、技术手段落后，因此难以对河流生态系统的影响作出准确评估，造成评价报告内容空泛、结论模糊，提出的环保措施缺乏针对性、操作性，无法指导工程规划设计。

（二）设计阶段

关于主体工程设计缺乏基本和具体的生态保护保障条款，造成工程与自然的和谐性差。《水利水电工程环境保护设计规范》尚未正式颁布，工程环境保护设计内容较少，设计质量普遍较低。当前，生态流量、河道减脱水、低温水下泄、鱼类洄游通道等是水利工程建设涉及环境问题的热点。2003—2005 年环保部评估中心审查的水利水电项目共有 54个，涉及河道减脱水的项目有 37 个，涉及下泄低温水影响的有 15 个，涉及鱼类影响的有42 个，引水式水电站生态流量不满足率近 57%，接近 30% 的项目没有给出下泄流量的具体实现方式和保证措施，产生这些情况的主要原因是缺乏标准规范。

（三）运行阶段

现有的设计规划和设计标准中很少有运行阶段的标准，这为工程运行管理的生态环境保护工作带来了困难。

二、国外水利工程相关环保标准分析

欧美发达国家很早就认识到标准体系对水利工程生态和环境保护实践的作用，通过总结国外水利工程相关环境保护标准的发展脉络，可以为我国的相关标准建设提供参考。

欧美发达国家在 19 世纪末期出现河流污染后，即开展了水质评价工作。经过近一个世纪的发展，自 20 世纪 80 年代以来，河流管理的重点已从水质保护转到生态系统的保护和恢复，如：美国中西部出现的河流健康评价和监测的生物学评价法—生态完整性指数；1989 年美国环保署（EPA）流域评价与保护部门提出的旨在为全国水质管理提供基础水生生物数据的快速生物监测协议；1998 年 Boon 提出英国的河流保护评价系统，把河流的保护价值更加系统地通过 35 个属性数据构成六大标准（自然多样性、天然性、代表性、稀有性、物种丰富度以及特殊特征）来衡量，在此期间，英国建立了以 RIVPACS 为基础的河流物监测系统；澳大利亚于 1992 年开展了国家河流健康计划，用于监测和评价澳大利亚河流的生态环境状况。值得重视的是，2000 年 12 月 22 日实施的《欧洲共同体水框架指令》是一份旨在使欧洲的水域更清洁、提高公众关注和投入的水政策文件。《英国水框架指令》技术顾问组以此为依据提出了环境标准和相应的技术指南，新的环境标准定义了支撑水生植物和动物环境群落的条件，涉及地表水和地下水，水量、水质及水文（河流、湖泊的水量、水位）、地貌、特定污染物的环境质量标准等。美国华盛顿州《水生环境指南》项目组编制了一系列用于水生环境评价的技术标准指南，包括鱼道的设计、运行和评价，河床保护和河流生境保护等。马萨诸塞州东部 Assabet 河 Stream Watch 项目组则给出河川水流、水质和生境可用性指标的安全评价指标体系。

此外，一些国家、国际组织，如美国、加拿大、日本、印度、英国、德国、瑞士、秘鲁以及非洲开发银行和亚洲开发银行等，组织编制了水利工程环境影响评价有关导则。这些导则范围涵盖了农业灌溉、生物多样性、渔业、港口建设、能源开发、湿地、人群健康和社会经济等方面，如 1987 年英国政府发布的《水电开发环境管理手册》、1990 年日本国际合作机构发布的《大坝建设项目环境导则》、1985 年印度政府实施的《江河流域项目环境影响评价导则》、1990 年亚太经社会发布的《水资源开发环评导则》、1997 年世界银行制定的《环境影响评价资料更新第 18 号：环境评价中的健康方面》等，分别考虑了灌溉、渔业/水产养殖、流域水电开发、海岸带开发、森林和土地清理以及社会评估和社会参与、公众健康等有关环境参数和标准。

从欧美国家的相关研究可以看到，进入 21 世纪后美国和欧盟的一些国家根据多年的研究积累和管理实践，制定和正在制定一系列与水利工程环境保护相关的标准，这对我国制定水利工程生态环境保护标准体系提供了参考。

三、我国水利工程生态保护技术标准体系建立

按照《水利标准化管理办法》的要求，水利标准化工作的主要任务是为实现国家新时期水利工作的总体目标，建立并完善水利技术标准体系，编制并实施水利技术标准，对标准的实施进行监督，以及开展水利标准化专题工作。水利工程建设生态环境保护标准体系的建立应以现有的水利技术标准体系为基础，在现有水利标准体系框架内，结合我国水利工程的特点及当前生态环境保护中存在的问题，提出适合我国国情的水利工程生态保护技术标准体系。标准体系建设遵循以下原则：

（1）科学性。体系应符合水利工程生态环境保护标准层次分类，并具有一定的可分解性和可扩展性。体系内各结构层次和各项标准之间应协调统一。

（2）实用性。体系应便于使用和管理。

（3）完整性。体系的组成应完整、配套，基本涵盖当前水利工程生态环境保护各个领域。

（4）动态发展性。体系的建立既要考虑当前的技术水平，也要对未来的发展有所预见，使标准体系框架能适应各项技术的迅猛发展，从而得到不断的完善和补充。

在现有国内外相关标准分析的基础上，按照与生态环境的关系，将水利工程生态保护技术标准划分为涉及生态环境要求的主体工程规划设计相关标准和水工程生态保护专项标准两大类，并提出标准体系见表 6-1-1 和表 6-1-2。

表 6-1-1 为涉及生态环境要求的水利工程规划设计相关标准，从规划、设计和运行等不同工作阶段对相关标准进行了分类和整理。这些标准或规范是以水利工程的规划设计

为主，但涉及一些环境因子和要素，因此需要在水利工程规划、设计、运行时关注，在这些规范的进一步修订和完善中，需要把环境约束贯穿到工程设计的理念中。

表 6-1-2 为水利工程生态保护专项标准，从环境保护、水土保持和移民安置等大环境角度进行了细分，该体系的标准都是专项的生态环境保护标准或规范，是为解决水工程建设中需要解决的专项环境问题而提出的标准，部分已经颁布，多数需要制定。该部分专项标准体系的建立将形成水工程生态保护技术标准体系框架，对完善水利工程技术标准、规范我国水利工程规划设计具有重要意义。

表 6-1-1　　　　　　　涉及生态环境要求的水利工程规划设计相关标准

序号	编制阶段	相关规范标准导则
1	规划阶段	江河流域规划编制规范
		水资源规划导则
		水利灌区规划规范防洪规划编制规程
2	设计阶段	水利水电工程项目建议书编制规程
		水利水电工程可行性研究报告编制规程
		水利水电工程初步设计报告编制规程
		节水灌溉技术规范
		水利工程水利计算规范
		水资源供需平衡预测分析技术规范导则
		跨流域调水工程设计导则
		蓄滞洪区设计规范
		河道整治设计规范
		地下水资源评价技术导则
		灌溉与排水工程设计规范
		水利水电工程沉沙池设计规范
		渠道防渗工程技术规范
		水利水电工程施工组织设计规范
		水利水电工程建设征地移民设计规范
		堤防工程设计规范
		城市防洪工程设计规范
		地下水资源水文地质勘察规范
		海堤工程设计规范
		施工总平面布置设计导则
		水利水电工程建设农村移民安置规划设计编制规程
3	运行阶段	洪水调度方案编制导则
		水库调度设计规范

表 6 - 1 - 2   **水利工程生态保护专项标准**

序号	类别	规范标准导则
1	环境保护	江河流域规划环境影响评价规范
		水功能区划分技术导则
		水资源保护规划编制规程
		河道内生态需水评估技术导则
		水利血防技术导则
		纳污能力计算规程
		水生态保护与修复技术导则
		环境影响评价技术导则水利水电工程
		水利水电工程环境保护设计规范（初步设计阶段）
		水利工程环境保护设施竣工验收技术导则
		水利水电工程环境监理技术规程
		水利水电工程环境影响后评价技术规范
		水利水电工程生态调度运行导则
		水利水电工程水生生物保护设计规范
		水利水电工程环境监测规范
		鱼道设计导则
2	水土保持	水土保持规划编制规程
		水土保持工程项目建议书编制规程
		水土保持工程可行性研究编制规程
		水土保持工程初步设计编制规程
		水利水电工程水土保持方案技术规范
		水利水电工程水土保持竣工验收技术导则
3	移民安置	大中型水利水电工程建设移民安置规划大纲编制导则
		水利水电工程建设征地移民设计规范
		大中型水利水电工程建设农村移民安置规划设计规范
		水利水电工程建设征地移民实物指标调查规范
		水利水电工程库底清理技术规范

目前，我国关于水利工程规划设计的生态保护标准严重滞后，不满足生态保护的需要。针对我国有关生态保护技术标准存在的主要问题，从水利水电工程规划设计、建设管理、运行调度、生态保护的需求出发，在国家技术标准体系平台建设基础上，按照规范、合理、科学和可操作的原则，提出的水利工程生态保护技术标准体系，可为相关规范和标准的制定提供参考。

第二节　水生态保护与修复规划编制

一、概述

水生态系统是指自然生态系统中由河流、湖泊等水域及其滨河、滨湖湿地组成的河湖生态子系统，其水域空间和水、陆生物群落交错带是水生生物群落的重要生境，与包括地下水的流域水文循环密切相关。良好的水生态系统在维系自然界物质循环、能量流动、净化环境、缓解温室效应等方面功能显著，对维护生物多样性、保持生态平衡有着重要作用。

我国江河湖泊数量众多，水生态类型丰富多样，随着我国经济社会快速发展，我国不同区域出现了众多不同的水生态问题，如：江河源头区水源涵养能力降低，部分河湖生态用水被严重挤占，绿洲和湿地萎缩、湖泊干涸与咸化、河口生态恶化，闸坝建设导致生境破碎化和生物多样性减少，地下水下降造成植被衰退、地面沉降等，已严重威胁水资源可持续利用。

实施水生态保护与修复是贯彻落实科学发展观和新时期治水思路，建设社会主义生态文明的重要举措。水利部于 2004 年印发了《关于水生态系统保护与修复的若干意见》，开展了部分城市及河流的水生态保护与修复试点工作。2008 年部署开展全国主要河湖水生态保护与修复规划编制工作。近期的中央水利工作会议指出"水生态环境恶化压力加大"是四个新情况新问题之一，强调水是生命之源、生产之要、生态之基，要求到 2020 年基本建成水资源保护和河湖健康保障体系。研究水生态保护与修复规划的关键技术，对指导和推动我国河湖水生态系统保护与修复规划工作意义重大。

二、规划主要内容

水生态保护与修复规划的主要任务是以维护流域生态系统良性循环为基本出发点，合理划分水生态分区，综合分析不同区域的水生态系统类型、敏感生态保护对象、主要生态功能类型及其空间分布特征，识别主要水生态问题，针对性提出生态保护与修复的总体布局和对策措施。

（一）水生态状况调查

河湖水生态状况调查在现有资料收集和分析的基础上，针对典型河湖和重要生态敏感区开展水生态补充调查监测，内容包括：主体功能区划、生态功能区划有关资料，河湖水资源开发利用及水污染状况，重点水工程的环境影响评价资料，有关部门的统计资料及行业公报，相关部门完成的生态调查评价成果和遥感数据，经济社会现状及发展资料等。

（二）水生态状况评价

结合水生态分区和水生态要素指标，分析评价规划单元水生态状况，明确河湖水生态面临的主要胁迫因素和驱动力，水生态问题产生的原因、危害及趋势。

（三）水生态保护与修复总体布局

根据水生态状况评价、水生态问题分析和影响因素识别，明确主要生态保护对象和目标，提出不同类型水生态系统保护和修复措施的方向和重点，从流域及河流水生态保护与修复全局出发，进行河湖水生态保护与修复总体布局。

（四）水生态保护与修复措施配置

根据水生态系统保护与修复的总体布局，结合水生态保护与修复措施体系，提出包括生态需水保障、生态敏感区保护、水环境保护、生境维护、水生生物保护、水生态监测、水生态补偿及水生态综合管理等各类水生态保护与修复工程与非工程措施配置方案。

（五）制定规划实施意见

结合实际情况，提出规划实施意见及优先实施项目。

三、规划技术路线

规划技术路线示意图如图 6-2-1 所示。

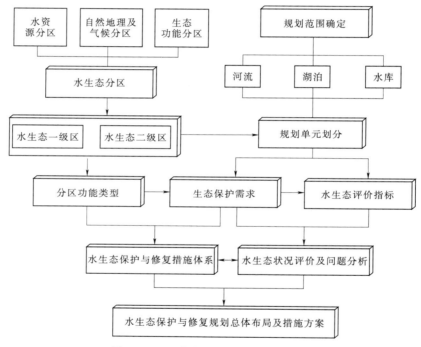

图 6-2-1　修复规划技术路线示意图

四、规划工作关键环节

（一）把握好规划的目标定位

规划要充分考虑水生态系统结构和功能的系统性、层次性、尺度性。从流域尺度提出水生态保护与修复的总体原则和目标；结合生态分区，进一步从河流廊道尺度及河段尺度，合理确定规划单元，明确其主要水生态功能和生态保护需求，并据此确定水生态保护与修复的重点和具体目标，进行水生态保护和修复的总体布局。规划要避免将河段简单地从自然生态系统中割裂开来进行人工化设计。

（二）注重"点、线、面"结合

其中"点"为具体河段的生态保护对象；"线"为河流廊道，主要根据水生态分区划分确定；"面"为生态分区或者流域。要以流域为对象，在全流域或生态功能区域层次上，把握水生态系统结构上的完整性和功能上的连续性。"点、线、面"相互结合、相互支撑、立体配套，处理好流域、河流廊道及具体河段不同空间尺度下水生态保护与修复措施的配置。

（三）处理好保护与修复的关系

要坚持保护优先，合理修复，针对人类活动对河湖生态系统的影响，着力实现从事后治理向事前保护转变，从人工建设向自然恢复转变，加强重要生态保护区、水源涵养区、江河源头区、湿地的保护。注重监测、管理等非工程措施，注重对各类涉水开发建设活动的规范和控制，从源头上遏制水生态系统恶化趋势。重点针对生态脆弱河流和地区以及重要生境开展水生态修复，河流修复的目标应该是建立具有自修复功能的系统。

（四）协调好与相关规划的关系

要以流域综合规划为依据，处理好开发与保护的关系，从流域角度提出水生态保护和修复的重点河段和区域，注重与最严格水资源管理"三条红线"的衔接和协调，注重河湖连通性的维持和重要生境的保留维护。与水污染防治规划、水功能区划等相衔接，突出生态敏感区及保护对象的水质要求和保护。与国家主体功能区规划、生态功能区划等相衔接，注重河流廊道、生境形态等多自然河流的维护和修复，强化生态需水保障。

五、水生态分区体系

我国幅员辽阔，河流众多，水生态类型纷繁复杂，各流域气候、水文分异复杂，流域内部的生态和水文特征迥然不同。结合主体功能区规划、生态功能分区和水资源分区，以水生态系统为对象，综合考虑区域水文水资源特征、河流生态功能以及水工程的影响，利用GIS技术划分水生态分区，明确其生态功能定位。在此基础上进行规划单元划分，是水生态保护与修复规划的重要基础工作。

水生态分区通过观察寻找每个生态要素的不连续性和一致性来描绘其异同，分区的主导思想是使区域内差异最小化，区域间差异最大化，并遵循以下原则。

（一）区域相关性原则

在区划过程中，应综合考虑区域自然地理和气候条件、流域上下游水资源条件、水生态系统特点等关键要素，既要考虑它们在空间上的差异，又要考虑其具有一定相关性，以保证分区具有可操作性。

（二）协调性原则

水生态区的划定应与国家现有的水资源分区、生态功能区划、水功能区划等相关区划成果相互衔接，充分体现出分区管理的系统性、层次性和协调性。

（三）主导功能原则

区域水生态功能的确定以水生态系统主导功能为主。在具有多种水生态功能的地域，以水生态调节功能优先；在具有多种水生态调节功能的地域，以主导调节功能优先。

全国水生态分区采取二级区划体系，一级水生态分区满足我国水资源开发利用和水生态保护的宏观管理和总体布局需要；二级水生态分区满足区域或河流廊道水生态功能定位、保护与修复目标确定及措施布置的需要。针对具体区域，还可根据生态功能类型和保护要求，在二级水生态分区基础上可进一步划分三级水生态分区。

根据全国由西向东形成的三大阶梯地貌类型，结合地理位置、气候带以及降雨量分布及区域水生态特点，将全国划分七大水生态一级分区，即东北温带亚湿润区、华北东部温带亚湿润区、华北西部温带亚干旱区、西北温带干旱区、华南东部亚热带湿润区、华南西部亚热带湿润区和西南高原气候区。

在水生态一级区内，依据地形、地貌、气候、降雨、生态功能类型及经济社会发展状况等因素，将全国划分为 34 个水生态二级分区。水生态分区以习惯地理地貌名称命名。不同水生态功能类型反映了区域不同的水生态系统结构和特征。水生态分区的水生态功能主要有水源涵养、河湖生境形态修复、物种多样性保护、地表水利用、拦沙保土、水域景观维护、地下水保护 7 种类型。

六、水生态状况评价指标体系

根据水生态分区功能类型及保护需求，结合水工程规划设计关键生态指标体系以及《水工程规划设计生态指标体系与应用指导意见》，分析提出水生态状况评价主要评价指标，见表 6-2-1，并明确了各指标的定义、内涵和评价方法。在进行水生态现状评价以及保护与修复目标制定时，应根据规划区域的水生态特点，尺度特征和保护要求，合理选取评价指标。

表 6-2-1　　　　　　　　水生态保护需求及对应主要评价指标

序号	水生态功能	生态保护需求	主要水生态评价指标
1	水源涵养	江河源头区及重要水源地保护	水源地保护程度
2	河湖生境形态修复	河湖生态需水保障	生态基流
			敏感生态需水
			生态需水满足程度
		河湖连通性维护	横向连通性
			纵向连通性
			垂向透水性
3	物种多样性保护	河湖水域珍稀、濒危水生生物及重要经济鱼类的保护	珍稀水生生物存活状况
			鱼类物种多样性
			三场及洄游通道状况
			外来物种威胁程度
4	地表水利用	河湖水功能区保护	水功能区水质达标率
			湖库富营养化指数
		水资源开发利用总量控制	水资源开发利用率
5	拦沙保土	水土保持综合治理	土壤侵蚀强度

续表

序号	水生态功能	生态保护需求	主要水生态评价指标
6	水域景观维护	自然、人工的水域景观的维护及构建	景观维护程度
7	重要湿地维护		重要湿地保留率
8	地下水埋深、地下水保护		地下水水位控制
			地下水开采系数

（1）水源地保护程度主要针对重要江河源头区、重要水源地的保护状况，从水质、水量和管理角度进行评价，通过定性和定量相结合的方法评定其安全状态及保护程度。

（2）生态基流是指为维持河流基本形态和基本生态功能的河道内最小流量。由于我国各流域水资源状况差别较大，在基础数据满足的情况下，应采用尽可能多的方法计算生态基流，对比分析各计算结果，选择符合流域实际的方法和结果。

（3）我国南方河流，生态基流应不小于90％保证率最枯月平均流量和多年平均天然径流量的10％两者之间的大值，也可采用 Tennant 法取多年平均天然径流量的 20％～30％或以上。对北方地区，生态基流应分非汛期和汛期两个水期分别确定，一般情况下，非汛期生态基流应不低于多年平均天然径流量的10％；汛期生态基流可按多年平均天然径流量的 20％～30％。

（4）敏感生态需水是指维持河湖生态敏感区正常生态功能的需水量及过程；在多沙河流，要同时考虑输沙水量。生态敏感区包括：具有重要保护意义的河流湿地及以河水为主要补给源的河谷林；河流直接连通的湖泊；河口；土著、特有、珍稀濒危等重要水生生物或重要经济鱼类栖息地、"三场"分布区等。敏感生态需水取各类生态敏感区需水量及输沙需水量过程的外包线。

（5）生态需水满足程度是指敏感期内实际流入生态敏感区的水量满足其生态需水目标的程度。可用评价敏感期内实际流入保护区的多年平均水量与保护区生态目标需水量之比表征。

（6）横向连通性是指河流生态要素在横向空间的连通程度，反映水工程建设对河流横向连通的干扰状况，一般可用具有连通性的水面个数占统计的水面总数之比表示。

（7）纵向连通性是指河流生态要素在纵向空间的连通程度，反映水工程建设对河流纵向连通的干扰状况，一般可根据河流中闸、坝等阻隔构筑物的数量来表述。

（8）垂向透水性用以表征地表水与地下水的连通程度，反映河流基底受人为干扰的程度。可以用泥沙粒径比例或者河道透水面积比例表述。

（9）重要湿地保留率是指规划区域内重要湿地在不同水平年的总面积与 20 世纪 80 年代前代表年份水体总面积的比值。珍稀水生生物存活状况是指在规划区域内珍稀水生生物或者重要经济鱼类等的生存繁衍、物种存活质量与数量的状况，一般通过调查规划或工程影响区域的水生生物种数、数量等反映存活状况的特征值，经综合分析后进行表述。

（10）鱼类物种多样性是指在规划范围内鱼类物种的种类及组成，是反映河湖水生生物状况的代表性指标。在监测能力和条件允许的情况下，可对鱼类的种类、数量及组成进行现场监测。

（11）"三场"及洄游通道状况是指水生生物生存繁衍的栖息地状况，尤其关注鱼类产卵场、索饵场、越冬场及洄游鱼类的洄游通道状况。可通过调查了解规划范围内主要鱼类产卵场、索饵场、越冬场状况，调查内容包括鱼类"三场"的分布、面积及保护情况等。

（12）外来物种威胁程度指规划或工程是否造成外来物种入侵及外来物种对本地土著生物和生态系统造成威胁的程度。针对规划河段实际，一般选择外来鱼类、水生生物作为外来入侵物种评价指标。

（13）水功能区水质达标率指规划范围内水功能区水质达到其水质目标的水功能区个数（河长、面积）占总数（总河长、总面积）的比例。水功能区水质达标率宏观反映河湖水质满足水资源开发利用、生态保护要求的总体状况。

（14）湖库营养化指数是反应湖泊、水库水体富营养化状况的评价指标，主要包括湖库水体透明度、氮磷含量及比值、溶解氧含量及其时空分布、藻类生物量及种类组成、初级生物生产力等。

（15）水资源开发利用率是某水平年流域水资源开发利用量与流域内水资源总量的比例关系。水资源开发利用率反映流域的水资源开发程度，结合水资源可利用量可反映社会经济发展与生态环境保护之间的协调性。

（16）土壤侵蚀强度是以单位面积、单位时段内发生的土壤侵蚀量为指标划分的侵蚀等级，通常用侵蚀模数表达。土壤侵蚀强度可用来表征区域水土流失状况及其变化情况。

（17）景观维护程度是指各级涉水风景名胜区、森林公园、地质公园、世界文化遗产名录和规划范围内的城市河湖段等各类涉水景观，依照其保护目标和保护要求，人为主观评定其景观状态及维护程度。

（18）地下水埋深是指地表至浅层地下水水位之间的垂线距离。地下水埋深和毛管水最大上升高度决定了包气带垂直剖面的含水量分布，与植被生长状况密切相关。

（19）地下水开采系数为一定区域地下水的实际开采量与地下水可开采量（允许开采量）的比值。地下水超采不仅会引发环境地质灾害，而且由于破坏了地表水和地下水之间的转换关系，威胁到一些水生生物的生存及其生境质量。

七、水生态保护与修复措施体系

在水生态状况评价基础上，根据生态保护对象和目标的生态学特征，对应水生态功能类型和保护需求分析，建立水生态修复与保护措施体系（图6-2-2），主要包括生态需水保障、水环境保护、河湖生境维护、水生生物保护、生态监控和管理等五大类措施，针对各大类措施又细分为14个分类，直至具体的工程、非工程措施。

（1）生态需水保障是河湖生态保护与修复的核心内容，指在特定生态保护与修复目标之下，保障河湖水体范围内由地表径流或地下径流支撑的生态系统需水，包含对水质、水量及过程的需求。首先应通过工程调度与监控管理等措施保障生态基流，然后针对各类生态敏感区的敏感生态需水过程及生态水位要求，提出具体生态调度与生态补水措施。

（2）水环境保护主要是按照水功能区保护要求，分阶段合理控制污染物排放量，实现污水排浓度和污染物入河总量控制双达标。对于湖库，还要提出面源、内源及富营养化等控制措施。

（3）河湖生境维护主要是维护河湖连通性与生境形态，以及对生境条件的调控。河湖

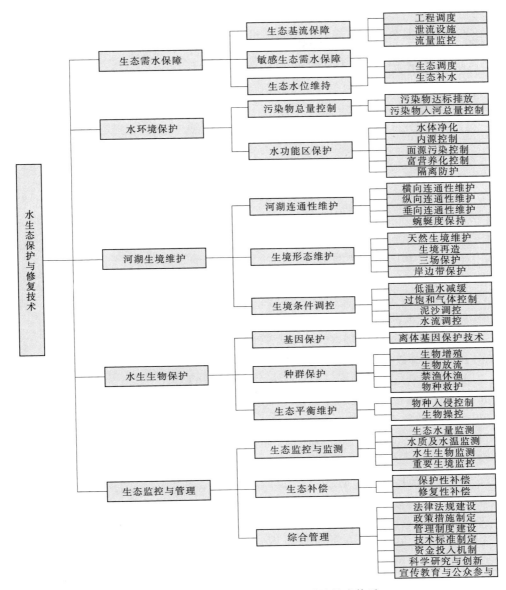

图 6-2-2 水生态保护与修复措施技术体系

连通性，主要考虑河湖纵向、横向、垂向连通性以及河道蜿蜒形态。生境形态维护主要包括天然生境保护、生境再造、"三场"保护以及岸边带保护与修复等。生境条件调控主要指控制低温水下泄、控制过饱和气体以及水沙调控。

（4）水生生物保护包括对水生生物基因、种群以及生态系统的平衡及演进的保护等。水生生物保护与修复要以保护水生生物多样性和水域生态的完整性为目标，对水生生物资源和水域生态的完整性进行整体性保护。

（5）生态监控与管理主要包括相关的监测、生态补偿与各类综合管理措施，是实施水生态事前保护、落实规划实施、检验各类措施效果的重要手段。要注重非工程措施在水生态保护与修复工作的作用，在法律法规、管理制度、技术标准、政策措施、资金投入、科技创新、宣传教育及公众参与等方面加强建设和管理，建立长效机制。

八、水生态保护与修复规划编制案例摘选

（一）总论

1. 规划背景及目的意义

（1）规划背景。

（2）目的意义。

2. 规划依据及规划原则

（1）规划依据。

1）法律法规：

a. 中华人民共和国环境保护法。

b. 中华人民共和国水污染防治法。

c. 中华人民共和国水污染防治法实施细则。

2）标准、技术政策：

a. 国家生态城市标准。

b. 《地表水环境质量标准》（GB 3838—2002）。

c. 《污水综合排放标准》（GB 8978—1996）。

d. 《辽宁省污水与废气排放标准》（DB 21—60—89）。

e. 国家《城市污水处理及污染防治技术政策》。

3）规划、计划及管理规章：

a. 国家环境保护"九五"计划和 2010 年远景目标。

b. 国家环境保护"十五"规划。

c. 辽宁省辽河流域水污染防治"十五"计划。

d. 辽宁省环境保护"十五"工程项目计划。

e. 沈阳市国民经济和社会发展第十个五年计划。

f. 沈阳市环境保护第九个五年计划和 2010 年规划。

g. 沈阳市环境保护第十个五年计划。

h. 沈阳市城市总体规划。

i. 沈阳市水系规划。

j. 沈阳市排水规划。

k. 沈阳市环境质量报告书（1990—2004 年）。

4）相关研究成果：沈阳市水环境容量研究报告。

（2）规划原则：

1）可持续发展和科学发展观原则。

2）前瞻性和可操作性原则。

3）实事求是和协调性原则。

4）突出重点和分期实施原则。

5）生态优先、以人为本原则。保护生态环境是为了保护人类健康，创造适合人创业、发展、生活居住的条件。

6）区域整体优化原则。不仅保护人类居住环境及其美学价值，还要保护自然系统完整性、保护生物多样性；不仅要在发展中优化建成区的生态环境质量，还要重视非建成区或城市郊区协调发展。

7）区域分异原理。因地制宜、根据区域内部资源环境要素的空间分异特征进行合理规划。

8）自然—经济—社会协调原理。规划应遵循经济、社会发展规律和自然科学规律，实现经济效益、社会效益和环境效益的统一。

9）生态保护与污染防治并重，预防为主、防治结合和综合治理的原理。在规划措施的制定方面，要注意经济结构调整与污染治理相结合，污染防治与生态环境保护相结合，工业污染防治与生活污染防治相结合，污染治理与清洁生产相结合。

3. 规划范围及规划时限

沈阳市水环境改善规划范围为：地域范围全市 12980km²，包括 9 个市区，3 个县和 1 个市，重点为 9 个市区。主要对浑河及主要支流水环境保护和水系及水面建设进行研究，弄清现状、确定原因、建立目标、制定措施。

沈阳市水环境改善规划时段为：按近期、中期和远期三个时段进行规划，近期 2005—2010 年，中期 2011—2015 年，远期 2016—2020 年。

规划情景基础：以 2004 年为规划基线；发展情景预测为 2010 年、2015 年、2020 年。

4. 规划目标及指标

按照国家生态城市指标，结合沈阳市社会、经济、环境特征，建立不同时段的沈阳市按照生态城市建设所要实现的阶段目标和定量指标，以及最终目标和指标。

5. 规划的主要内容及技术路线

水生态保护与修复规划的主要任务是在全面系统掌握沈阳市水资源、水环境、水生态与水景观的现状、社会经济发展状况及变化趋势的基础上，识别水环境系统的主要原因和环境影响，弄清影响河流水质的主要因素和瓶颈，掌握水污染物排放的特征，预测全市水污染物排放状况，确定水环境保护方面距离生态城市的差距和原因，依据水环境承载力、生态系统健康评价和生态需水量的核算提出水环境保护、水面建设（包括水资源利用）和水环境生态恢复与建设目标，提出实现目标的措施、对策及工程项目。

规划的主要内容包括：规划区背景、水环境系统综合分析、水系建设及保护规划方案、水环境综合整治规划方案、水环境生态修复与景观建设规划方案、水环境监控与管理规划方案、费用效益和目标可达性分析、规划实施与管理等。

本规划重点是：通过全方位、多层次、多学科的系统性研究，对全市河流进行功能定位，通过水环境生态系统健康评价指标评价，制定生态恢复和建设目标指标，以浑河沈阳段为重点，制定"河道-浅水区-河滩地-河岸"立体生态修复及建设规划方案；根据河流水质污染特征，按照生态城市标准，提出水质保护和修复目标，提出水质保护规划方案；进行全市生态环境需水量和浑河生态基流量的研究，提出城市水面建设规划，确保沈阳市生态城市建设目标的实现。

为了完成以上任务，保证规划全面、系统、科学、完整、经济、可行，具有前瞻性，科学依据充分，满足制定生态城市规划的需求，采用系统工程学、生态学、规划学、环境经济学、计算机科学、数学模型、水文学等学科的理论与方法，通过资料的全面收集和系统分析、现场调查与监测、模拟实验等过程完成该工作。水环境保护与生态修复规划技术路线如图6-2-3所示。

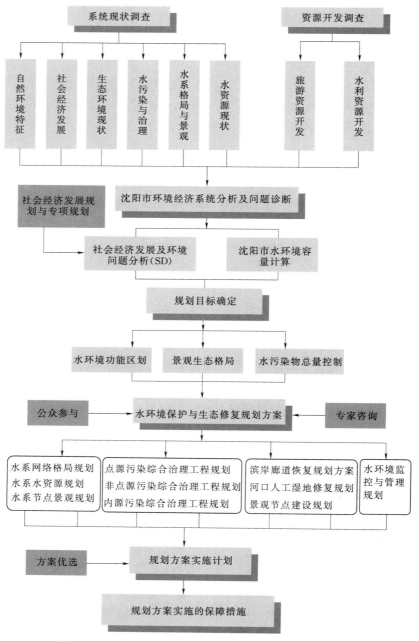

图6-2-3　沈阳市水环境保护与生态修复规划技术路线

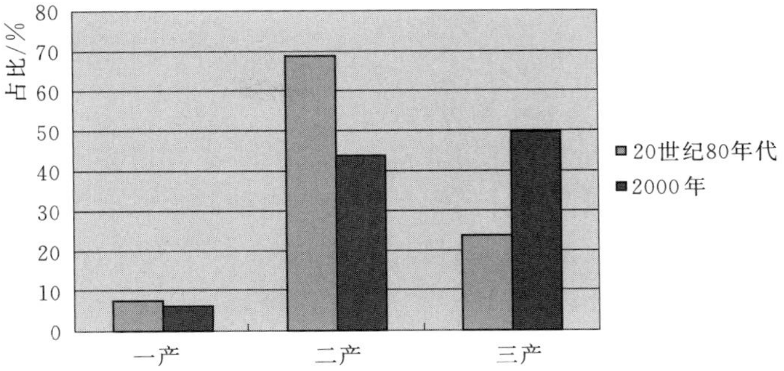

（二）规划区背景

1. 自然环境概况

（1）地理位置。

（2）地形地貌。

（3）气象气候条件。

（4）地表水概况。

2. 社会环境状况

（1）行政区划及人口。

（2）社会发展状况。

（3）市政设施建设状况。

（4）交通运输条件。

3. 经济环境状况

（1）经济发展状况。

（2）产业结构概况，如图 6-2-4 所示。

（3）产业布局概况。

图 6-2-4　沈阳市产业结构变化图

4. 生态环境状况

内容从略。

5. 水资源及开发利用状况

对沈阳市水资源及其开发利用状况分析与评价。对全市境内市水资源的构成、分布、数量、开发利用状况进行调查、分析，全面掌握水资源的时空分布特征、人均水资源的拥有情况、可开发利用水资源状况、按城区、区县（市）两个层次和工业、生活、农业三大类型分析用水量、用水效率状况及水资源开发利用方面存在的主要问题。

编制地表水（河流、水库）构成示意图，地下水水源地理分布、开采量（供水量）示意图，水源构成示意图（饼状或柱状）、历年水资源开发利用量变化图等。

6. 社会经济环境主要问题

内容从略。

（三）水环境系统综合分析

1. 水资源系统分析

（1）水资源供需平衡分析。摸清水资源量、空间分布及生活生产分配情况，对于水资源紧缺的沈阳市极为重要。同时为生态需水量、水系环境规划、雨水及中水综合利用提供基础。

1）水资源评价与分析。在水文水系的基础上，调查沈阳市境内市水资源的构成、数量、人均水资源拥有量、开发利用状况等，掌握并评价地表水资源、地下水资源（大气降水、地表径流、河道基流等）的时空分布及其特征，得到水面与陆域、各行政区和河流湖泊的多年平均、20%、50%、75%、90%的水资源量。其中计算方法如下：

多年平均年径流量：$W = 1/10^5 \overline{R}F$，其中 $\overline{R}$ 为多年平均年径流深，F 为集水面积。不同频率的年径流量，采用偏差系数 $C_s = 2.0C_v$，从皮尔逊Ⅲ型曲线表中，按确定的 C_v 值相对栏中查取该频率的模比系数 KP 值，与多年平均径流量相乘，即得该频率的年径流量。

同时，按城区、区县（市）两个层次和工业、生活、农业三大类型统计并评价用水量、用水效率状况。

2）水量供需平衡分析。

（2）城市生态环境需水量。城市生态环境需水量是一个整合的新概念，是相对产流后的水资源量概念而言的，是指在一定的时空尺度下，城市生态环境用于消耗或置换而需要人工补充的水量。它不仅与一定的生态环境状况相联系，而且受水资源配置条件、需水部门和其他人控因素的制约。研究内容如下：

由于沈阳城区有145处湿地，面积仅约2.53km²，且在实际操作中难于区分，本规划仅考虑城市绿地生态环境需水量和城市河湖生态环境需水量，具体分类体系、计算指标与计算公式见表6-2-2。

表6-2-2　　　　沈阳市城市生态环境需水量分类体系、指标和计算公式

一级分类	二级分类	公式
城市生态环境需水量		$dW_u(t)/dt = W_G(t) + W_{RL}(t)$ $dW_G(t)/dt = W_P(t) + W(t)$ 其中， $dW_{RL}(t)/dt = W_{RB}(t) + W_{LB}(t) + W_{WE}(t) + W_{WS}(t) + W_{LE}(t)$
城市绿地生态环境需水量	植物需水量	$dW_p(t)/dt = (1 + 1/99)k\sum_{i=1}^{n}\beta_{1i}E_{0i}(t)A_{Pi}$
	土壤需水量	$dW_S(t)/dt = k\beta_2\rho_s\sum_{i=1}^{n}H_{Si}A_{Pi}$
城市河湖生态环境需水量	河道基流量	$dW_{RB}(t)/dt = k\int Q(t)dF$
	湖泊存在需水量	$dW_{LB}(t)/dt = k\beta_4 A_{L0} H_L$
	水面蒸发需水量	$dW_{WE}(t)/dt = kE_w(t)(\beta_4 A_{L0} + A_{R0})$
	河湖渗漏需水量	$dW_{WS}(t)/dt = k\omega_1(\beta_4 A_{L0} + A_{R0})$
	湖泊换水需水量	$dW_{LE}(t)/dt = k\beta_4 A_{L0} H_L/T$

计算指标说明：$E_{0i}(t)$为t时段内不同类型植被的潜在蒸散量（mm）；β_{1i}为t时段内不同类型植被的实际蒸散量与潜在蒸散量的比例（%）；A_{Pi}为不同类型植被的覆盖面积（hm²）；W为不同等级下的土壤实际含水量（%）；β_2为不同等级下的土壤实际含水量与田间持水量的比例（%）；ρ_s为不同类型土壤的容重（g/m³）；H_{Si}为不同类型植被的有效土层厚度（m）；t为时间，根据计算的需要，可以年、月、旬、生长期、汛期、非汛期等为时间单位；n为植被类型数；k为单位的换算系数；$Q(t)$为t时段内通过某一过水断面的水量（m/s）；F为过水断面面积（m²）；A_{L0}为湖泊面积（hm²）；β_4为湖泊水面面积占湖泊面积的比例（%）；H_L为不同等级的湖泊平均水深（m）；$E_w(t)$为t时段内的不同城市的河湖水面蒸发量（mm）；A_{R0}为河流面积（hm²）；ω_1为渗漏系数，取0.5m；T为湖泊换水周期（a）。

根据历年统计数据和沈阳市生态系统气候、植被等因子特征，按照上述公式，计算出城市生态环境需水量，考虑等级划分。同时，编制地表水（河流、水库）构成示意图，地下水水源地理分布、开采量（供水量）示意图，水源构成示意图（饼状或柱状）、历年水资源开发利用量变化图等。

2. 水环境系统分析

（1）污染源污染现状及治理情况。

（2）地表水水质综合评价。沈阳市地表水污染现状。以2004年为基数，对全市每一条河流进行枯、丰、平三个水期、每一个监测断面的污染资料收集，采用评价因素贡献率

的方法确定水环境质量评价因子，采用标准指数法筛选主要污染因子，用综合指数法评价水质污染程度，确定造成污染的主要原因和污染产生的影响。同时收集"九五"水环境资料，分析和预测水环境污染变化趋势。重点分析评价浑河沈阳段污染状况、污染特征、污染原因、污染影响。

（3）水环境功能区划。水环境功能区划是全面认识区域环境问题的一个重要方法，是区域环境规划发展到一定阶段的产物，具有重大的理论和实践意义。一个正确反映客观存在的流域水环境功能区划，不仅深化了环境规划研究的理论和方法，而且全面地评价了区域环境状况，为总量控制与水环境保护提供了科学依据。

沈阳市水环境功能区划，就是在分析区域自然及生态环境特征的基础上，统筹兼顾浑河流域与辽河流域、社会经济发展和人类干扰因素，对沈阳市水系进行功能区划分。其目的在于通过不同功能区的划分和综合分析，寻求建立与经济发展相协调的环境保护策略，以便进行宏观调控和管理。

环境功能分区就是从水景观生态格局和生态环境的系统特点出发，根据沈阳市生态环境现状及其空间分布、经济产业类型结构布局和社会发展状况，按照《水污染防治法》及其《实施细则》《地表水环境功能区划技术导则》和当地水环境功能区划要求，结合沈阳市未来的发展方向，对沈阳市实施环境功能区划，以体现沈阳市不同地域生态环境特点及其对未来发展的支撑能力，并分区实施针对性的污染控制、生态恢复、资源开发及保护策略。

（4）污染负荷预测分析。为了解未来沈阳市水环境污染状况，并依据水环境功能区划的成果和要求，对不同的污染成因和污染特征采取相应的措施进行治理和恢复，特对沈阳市水环境污染负荷进行预测和分析。

为此，本研究拟采用系统动力学SD（System Dynamics）模型来研究沈阳市复杂社会经济系统的未来行为和相应的水环境污染负荷变化。SD模型应用于社会-经济-环境系统，能够有效地综合考虑人口、经济、资源等子系统与生态系统的有机联系，动态模拟系统行为的发展过程和趋势，从而对系统的初始状态、行为过程进行配置和管理，探索系统健康发展的管理策略。

模型将利用沈阳市近年来的环境统计数据，以沈阳市污染负荷现状为基础，结合沈阳市人口规模预测和社会经济发展规划，按规划年限预测工业源、生活源及农村面源等不同类型污染源产生量、成分等，如COD、氨氮等的排放浓度和排放总量，并分析其对城市水环境的影响（图6-2-5）。

（5）水环境承载力研究。

3．水生态系统分析

（1）水生态系统现状。

1）水环境质量状况。沈阳市地处辽河流域，境内有浑河、辽河两大水系。其中浑河流经市区，且接纳城市污水，在沈阳市地表水系中所占比重较大。辽河属过境河流，流经新民市汇入少量城镇污水，基本无其他污水汇入。

a．浑河沈阳段水质状况及分析。浑河主要污染指标和综合污染指数评价结果表明：浑河沈阳段1998—2001年水质污染程度呈明显加重趋势，2001年为近年来污染最重。但2002年浑河沈阳段水质比2001年明显好转，1998—2002年浑河沈阳段化学需氧量及氨氮

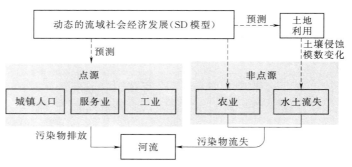

图 6-2-5　污染负荷预测与分析技术路线

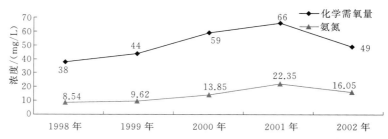

图 6-2-6　1998—2002 年浑河沈阳段主要污染指标年际变化

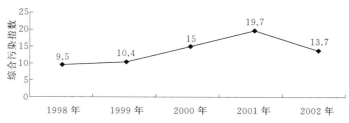

图 6-2-7　1998—2002 年浑河沈阳段综合污染指数变化趋势

年际变化如图 6-2-6 所示，1998—2002 年浑河沈阳段综合污染指数变化趋势如图 6-2-7 所示。

　　2002 年，沈阳市投入 1.5 亿元对浑河城区段污染进行综合治理，主要工程包括：河道整治、污水截流、生物技术治理、水生植物净化、工业源污染控制、环境水稀释等六大工程。2002 年 1 月，对长青桥至工农桥 10km 河道进行了疏浚、清淤。从 2002 年 3 月开始，对五爱泵站排污口和浑河大桥段水面投加除臭复合制剂累计达 400t，并选购、培育、种植水葫芦 3 万棵，在浑河大桥段覆盖面积超过 1000m²，净化了水质并形成了宜人的绿化景观。大伙房水库比去年提前 14 天开闸放水，总放水量近 5 亿 m³，比去年增加了 3.8 亿 m³。5 月 26 日五爱泵站污水成功截流。同时加强对污染源的控制，减少浑河接纳的污染物总量。通过采取上述措施，浑河大桥段季节性恶臭已控制在 1.5 级以下，达到 Ⅳ 类水质标准，自净能力开始恢复，河水中鱼类逐渐增多，生态环境得到改善，泛舟城市内河的愿望已成现实。沈阳市站对治理全程进行了跟踪监测。结果显示，浑河大桥段水质已明显改善，消除了水体黑臭现象，恢复了景观功能，主要污染指标已达到Ⅳ类水质标准，并导致全河段水质好转。另外，从 2002 年 5 月初开始，水利部门在浑河大闸至小于桥段实行清污分流工程，细河水经城市分洪渠直接排入浑河，河道变宽，在浑河河道内流程增大，有利于污染物的迁移、降解，有利于下游水质的缓解。

b. 辽河沈阳段水质状况及分析。1997—2002 年辽河沈阳段化学需氧量年均值浓度范围为 32～61mg/L，自 1997 年起，红庙子桥断面化学需氧量浓度年均值低于马虎山桥断面，辽河沈阳段已连续六年实现出境水质优于入境水质，彻底扭转了辽河沈阳段水质污染加重的状况。但是，2002 年入境水质污染有所加重，入境马虎山桥断面化学需氧量浓度值达 63mg/L，为近年来最高，导致辽河沈阳段全河段及出境断面水质污染程度均有所加重。由此可见，铁岭、四平等市的境外污水的汇入对辽河沈阳段水质有着直接的影响。辽河沈阳段出、入境断面化学需氧量浓度年均值年际比较。

c. 棋盘山水库水质状况。棋盘山水库是以抗洪防汛为主、灌溉农田为辅的中型水库。设计汛前控制水库容量为 3000 万 m³，控制水位为 94.5m，汛期最大水库容量为 8000 万 m³，最高水位为 97m。2002 年沈阳市有几次大规模的降雨，最高水位达到 95.16m。

2002 年棋盘山水库高锰酸盐指数、非离子氨、化学需氧量、溶解氧和色度五项指标均达到国家地表水Ⅲ类水质标准限值，5 个月共 5 次监测结果统计显示：石油类超标 5 次，透明度超标 5 次，总氮超标 4 次，总磷超标 3 次，pH 值超标 2 次。造成超标的原因是水库周围的土壤中有机肥料随地表径流进入水库；夏季水库游人增多，无组织排放；另外水库湖面上的机动船只活动也造成一定影响。2002 年棋盘山水库水质监测结果见表 6-2-3，棋盘山水库主要污染物变化曲线如图 6-2-8 所示。

表 6-2-3　　　　　　　　　　　　2002 年棋盘山水库水质状况　　　　　　　　　　　　单位：mg/L

监测项目	监测结果						评价标准
	4 月	5 月	6 月	7 月	8 月	年均值	GHZB 1—1999 Ⅲ类
水位/m	95.01	95.16	94.11	93.93	93.98	94.44	—
库容/m³			2608	2531	2552		—
色度	5 度	5 度	5 度	5 度	5 度	5 度	—
透明度/m	1.5	1.5	1.5	1.5	1.5	1.5	≥2.5
pH 值①	7.8	8.27	8.69	8.83	7.96	—	6.5～8.5
溶解氧	12.0	10.5	11.2	9.7	7.8	10.24	≥5
化学需氧量	11	14	17	14	10	13	≤20
石油类	1.05	0.59	0.71	0.22	0.20	0.55	≤0.05
非离子氨	0.0036	0.0005	0.02	0.004	0.003	0.006	≤0.02
高锰酸盐指数	3.9	5.1	5.4	5.5	5.0	5.0	≤8
总氮	0.962	0.683	0.434	0.804	0.188	0.614	≤0.3
总磷	0.04	0.005	0.03	0.046	0.01	0.026	≤0.025

①　pH 值无量纲。

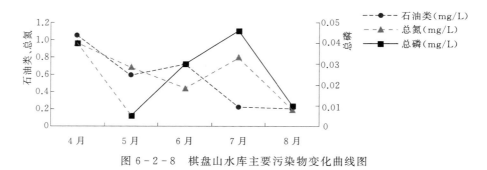

图6-2-8　棋盘山水库主要污染物变化曲线图

2002年棋盘山水库共鉴定出浮游藻类15属，隶属4门、9科，比2001年多3属、1科。优势属为颤藻。生物多样性指数为2.5，水库水质属中轻污染，处于贫营养状态，与去年同期相比，水质污染减轻。2002年棋盘山水库水质生物监测结果见表6-2-4。

表6-2-4　　　　　　　　　　　**2002年棋盘山水库水质生物监测结果**

项目	点位 指标	入口	库心	出口	水库总体
浮游藻类	属类数/个	10	8	11	15
	生物密度/(个/L)	22950	17250	23400	21200
	优势属名称	颤藻	颤藻	颤藻	颤藻
	多样性指数	2.8	2.4	2.4	2.5
	污染等级	中轻污染	中轻污染	中轻污染	中轻污染

2002年棋盘山水库叶绿素a全年监测值均未超标，年均值为0.005mg/L（标准为0.01mg/L）。

2）河岸带现状。河岸带处于水路交界处的生态脆弱带，是异质性最强、最复杂的生态系统之一，在维持区域生物多样性、促进物质与能量交换、抵抗水流侵蚀与渗透、营养物过滤及吸收等方面发挥重要的作用。

沈阳市河岸带破坏现象较严重。浑河上游河岸受采砂破坏，两岸坡度很大，临岸3m处旁没有什么植被，多是石子，且沿岸分布着大量采砂留下的直径10m、深10m的沙坑。浑河南岸杨官河入河口——长大铁路桥一段，因修建防洪堤工程，河岸被改造为混凝土护堤，不仅使其丧失河岸带功能，同时也影响了河流景观。浑河南岸垃圾污染现象普遍，中游浑南开发区一带河岸分布着很多建筑垃圾，下游农村亦将大量垃圾倾入河中，严重影响河水水质及感官效果。浑河北岸五里河公园一带，沿岸绿化较好，但岸堤也被水泥硬化。整个河岸带已经遭受到严重破坏，如不加大力度实施保护措施，将对沈阳市水环境保护产生不利影响。

（2）浑河生态系统健康评价。浑河生态系统是由水质、水量、河岸带、物理结构与生物体五个要素有机组成的完整的河流生态系统，河流生态系统的健康评价则是从这五个要素的状况进行考虑，建立指标、标准并进行评价。

1）评价的指标体系。根据整体性原则、层次性原则、可操作性原则和定性与定量结合的原则，参考国内外河流生态系统健康评价选取的指标，结合浑河的具体情况和研究目的，选择评价的指标体系见表 6-2-5。

表 6-2-5　　　　　　　　　　　浑河生态系统健康评价指标

评价要素	类　　别	详细指标
水量	水文状况	水利工程建设导致的流速与水位变化
	水量	开发利用率
水质	流体	水质平均污染指数
水生生物		鱼类生物完整性指数
河岸带	水土流失控制	防护带宽度、河岸带植被覆盖
	景观建设	亲水景观建设面积、效果、可达性
	防洪	防洪标准
	交换能力	河岸与河道固化程度
物理	物理稳固性	河床、河岸稳定性
结构	连通性	与周围自然斑块连通性、河流廊道连续性
	栖息与洄游	栖息地、鱼岛状况

2）评价标准。借鉴相关划分成果，评价标准分为"病态、不健康、亚健康、健康、很健康"五个级别，对于难以定量表达的定性指标，以分值阈"＜1，1～2，2～3，3～4，＞4"代表五个级别的标准，各具体指标评分将参考状态描述、实地调查与遥感解译结果，由公众参与基础上的专家评判完成。对于定量的标准，借鉴有关历史资料或参照点位状况、相关研究成果与国家、国际标准，或通过多区域对比分析确定。

3）评价方法。河流生态系统的健康是一个动态性的相对概念，没有严格的界限划分而难以用精确尺度来刻画。实际经验表明，模糊层次综合评价法是处理这类问题的有效方法。因此，本研究拟采用该方法进行浑河生态系统健康评价。首先，建立评价因素指标集和评语集，运用层次分析法确定各要素及类别权重与各具体指标的层次总排序权重集，根据各指标特征，拟定各指标的隶属函数，由隶属函数及权重计算出五大类评价因素的评判矩阵，在采用模糊加权线性变换完成模糊合成，得出河流对五个健康级别的隶属度矩阵，并对结果进行归一化处理，从而评判浑河生态系统健康状态。

4．水系格局与水景观格局研究

（1）水系系统分析。城市水体（本规划以地表水为主）及水系空间环境是城市重要的空间资源，是体现城市资源、生态环境和空间景观质量的重要标志，是城市总体空间框架的有机组成部分。

为了掌握沈阳市水系现状与问题，综合分析其水系开发利用情况、绿化规划建设情况和水系历史变迁，得到水面面积现状、组合形式、规模个数、使用功能等。同时以水质、自然功能、人为功能为基础，按照《国家城市水系规划规范》及其《实施说明》对水体、水陆交错带、滨水区域进行功能定位与分配，为水系开发与保护提供基础。其中本规划指的功能定位是指人为功能（排洪、蓄洪、供水、排水、纳污、景观、观赏、娱乐、航运、渔业）和自然功能（生物多样性、调节气候、生态稳定性等），功能分配是指水体利用分配，生态性岸线、生产性岸线和生活性岸线利用分配，滨水生态保护区、滨水公共活动空间、滨水作业区和风景区分配。

同时，在水资源系统分析和上述现状分析基础上，按照环境功能区划确定符合沈阳实际情况的适宜水面面积，及水面组合形式、规模等。

（2）水景观格局分析。运用景观生态学的斑块-廊道-基质等的相关原理，分析沈阳湖泊、水库等水景观斑块的大小、形状、内缘比、数量及构型；分析沟渠、河流等水景观廊道的宽度、组成、内部环境、形状、连续性及其与周围斑块和基质的关系，计算整个水景观廊道的连接度、环度、曲度和间断等，为城市水景观规划、建设和管理提供基础。

（3）水景观功能划分。根据以人为本的原则、水质和水量并重的原则、与城市景观协调的原则以及实用的原则，结合沈阳市水景观建设的主题，从功能着眼，从结构着手，分析沈阳市水景观组成单元的类型、数目以及空间分布与组合，把沈阳市一系列相互区别、各具特色的水景观按其功能划分为自然原生型、生态防护型、环境观赏性、生活游憩型及标志结点型等，以反映其空间结构与生态功能特征。

首先，运用定性判断法，在沈阳市城市总体规划、城市景观格局以及河流和湖泊的水文特征及水质现状等进行分析和判断的基础上，对沈阳市河流、湖泊及水库进行水景观功能区初步划分，提出符合系统分析要求且具有可操作性的水景观功能区划方案。在定性判断的基础上，再运用定量及算法，根据景观生态学中的有关模式和水资源保护中采用的水质及水量计算模型，进行水景观功能区生态模拟和水质计算，再根据模拟计算成果确定各功能生态保护标准，划定水景观功能区的范围。

（四）水系建设及保护规划方案

城市水系环境规划，就是针对水体和水系空间的利用和保护，制定相应的规范，以指导各地的水系利用和保护规划编制，规范利用和保护城市水系的行为，保证城市水系综合功能持续高效的发挥，促进城市健康发展。

1. 规划原则

尊重自然性，坚持生态优先，确保水系适宜用地原则。

协调城市和流域与水系的关系，统筹考虑和均匀分布原则（组合多样性、空间布局合理性）。

充分兼顾水体、水陆交错带和滨水空间三个层面的功能协调，使三层面的功能配置相得益彰，形成完善合理的水系空间体系。

结合城市的水文、地质、地貌、气候、生态特征，协调水资源、水环境、水生态和水景观的持续发展关系。

体现水系共享性，坚持"以人为本"的设计理念，营造"水美、怡居、宜业"的生态城市环境。

2. 规划目的

针对沈阳市水系自然状况，通过水系改善与环境生态建设，完善水系结构与功能，恢复其生态系统、生境结构和环境自净能力，从而改变"水资源紧缺、水环境污染"的现状，实现高效节水防污型生态城市。

3. 工作内容

在现场勘察的基础上，结合水系系统分析，本规划从宏观、中观和微观三个层面提出全面且针对性的对策方案。

（1）宏观层面——水系网络格局规划。主要内容包括水位确定、区域分配、水系连通、水面组合、结构设计。

水位的控制是有效和合理利用水体的重要环节。在水位确定中，最为重要的是调蓄水体的水位控制，通常应在其常年水位的基础上进行合理确定，但也必须同时充分考虑周边已建设用地的基本标高情况。本规划按照《国家城市水系规划规范》（GB 50513—2009），针对不同类型水体，分区分段进行水位控制，同时也确保了水面面积。

水陆交错带和滨水区域是人类开发利用的重要区域，所以有必要在《沈阳市城市总体规划》和《沈阳市土地利用规划》的基础上，水陆交错带的分配将结合水体特征、岸线条件、使用现状和滨水功能区的定位等因素确定。滨水区域的分配将充分发挥水体和岸线规划的功能，划定其建设空间范围，对位于该范围内的建设进行强度控制，具体包括对其建设密度和容积率的控制，同时考虑保留通往岸线是绿化通廊、视线通廊和空间通廊。

对于零散分布着小片水域的浑河下游、丁香湖等，将规划进行水系改造，新建连通渠道。其中确定连通渠道的功能、走向、规模等，并考虑与水处理设施（如湿地）结合，加强沈阳市城区水系循环的同时，改善水系水质环境。

根据功能区划，针对沈阳市城区各水域特征，合理搭配河流、湖泊、渠道、湿地等水面形式。并结合当地土地利用情况、社会经济条件和环境改善需求，对各水面形式进行结构设计，包括位置、形态、功能、规模、个数和特征参数等。

（2）中观层面——水系水资源规划。主要内容包括水资源调配（补水）规划、雨水综合利用、中水回用、防洪安全设计。

补水渠道大致分为浑河过流补水、地下水回补、雨水补水及中水回用，形成"多源化"的水资源补给途径。根据水资源现状、空间分布和生态需水量计算结果，确定不同水源补给途径的水量。

雨水综合利用和中水回用是解决沈阳水资源紧缺状况的有效途径。其中雨水综合利用，规划考虑充分利用浅水型湿地进行雨水收集。并改造雨水收集系统，增加雨水收集范围，扩大储存水体体积。在规划项目中结合绿化建设，利用低洼地、人行道和休闲区铺设草皮砖等透水材料，增强城市建成区地下水补充能力。

污水处理厂选址布局与水系规划结合，充分利用中水。完善城市排水体制，最大限度地建设分流制排水系统，彻底关闭河道中的排污口，保证污水处理率。同时计算中水回用区域分配量。

沈阳市防洪主要以浑河和辽河为主。规划将加宽河道，提高行洪能力。形成以疏为主、生态安全的防洪系统。同时增加河道上的拦水等构筑物，对河道水源起到层层拦蓄作用，提高城市蓄水、补水能力。

（3）微观层面——水系节点景观规划。在宏观、中观规划和城市总体规划（金廊工程、银带工程）的基础上，结合污染防治与生态修复，选择河道湖泊等主要水系节点进行景观设计，规划将"以人为本、生态优先"为原则，规划内容包括绿色走廊、视觉设计、亲水性设计、植物园等。

根据景观生态学的基本理论，两个生态斑块之间应当由具有生态功能的廊道相连接，才能形成较为完善的生态格局体系。具有生态功能的水体和岸线等同于一个生态斑块，因此在沈阳城市生态性水陆交错带应控制相应的生态廊道。

为加强岸线的亲水性，可结合水位变化和岸线的高程设置梯级平台，便于人们接近水体。梯级平台的设置，要考虑水位的变化情况，例如常年水位、最高水位等不同水位高程的台级，由于被水淹没的时间长短和程度的不同，应有不同的功能布局和处理方式。因此竖向设计是生活性岸线布局需要重点考虑的因素。

水系空间是典型的开敞空间，往往给滨水的建筑留出了开敞的、尺度适宜的观赏距离，为确保滨水区和水系空间之间具有良好的空间延续性和整体性，将规划布局视线通廊，这些能够使滨水最大限度地观赏到水系空间的优美景象，形成具有滨水特色的城市景观，如图6-2-9所示。

（a）　　　　　　　　　　　　　　　　　（b）

（c）

（d）

图6-2-9　沈阳市城市节点景观规划示意图

（五）水环境综合整治规划方案

（1）点源污染综合治理工程规划。

（2）非点源污染综合治理工程规划。

（3）内源污染综合治理工程规划。

（六）水生态修复与景观建设规划方案

沈阳市水生态修复是针对沈阳市城市河湖功能日益萎缩，水生态系统日益退化，已经直接影响沈阳市社会经济可持续发展的条件下而提出的。沈阳市水生态修复将以浑河为重点，通过一系列的工程和非工程措施，重建浑河水生态系统干扰前的结构与功能及有关的物理、化学和生物学特征，恢复生态系统的原有结构和功能，再现一个自然的、能自我调节的水生态系统。规划以建设生态城市和创建社会主义和谐社会为总纲领，以景观生态学和生态修复相关理论为依托，以浑河水质改善为基础和以浑河生态系统健康评价为前提，通过分期和分步骤、综合与重点突出地实施生态修复工程、相应的生态管理措施以及适配性的生态景观设计，提升浑河的水生态系统健康程度，从而促进沈阳市水生态环境改善及其与景观的协调性，保障社会经济的可持续发展。

1．修复与建设规划目标

浑河生态系统为沈阳市提供了供水、旅游休闲娱乐、城市形象、承载与净化人类活动过程中废物等人类服务功能，并且是生物栖息与繁衍、实施生物多样性保护的场所，所提供的生态服务功能具有多功能的特征。因此，浑河的修复与建设也是多目标的，面向所有服务功能的维持与改善，包括防洪、景观服务、生物多样性保护及水质改善等多个方面，使浑河生态系统达到整体的健康状态，以保障城市水生态系统安全、水环境质量达标、水生态健康、水景观与城市布局和谐。

2．修复与建设规划总体框架

浑河水生态修复与景观建设规划总体方案是在河流景观格局分析和水环境功能区划的基础之上，以保护和恢复浑河水环境和水生态为核心，以满足地表水水环境功能区划为目标，以河道为生态廊道、景观绿化带和经济发展带，建立系统的、立体的、多层次的"河道-河滩地-堤岸-护坡-缓冲带"生态修复与污染物削减体系，并自始至终进行适配性的景观设计。对河道滨水区的生态修复、景观设计与开发给予特别的关注，通过全面的和系统的工程与管理措施设计，体现控源和生态修复并重、外源污染和河流生态调控相结合的原则，最终达到规划的预期目标。

基于浑河生态环境现状，结合国内外研究现状，拟采取八元修复模式对浑河进行水生态修复与景观建设规划（图6-2-10），即以污染源控制、底泥疏浚与污水处理工程为主导，综合运用河流水体曝气复氧、多功能河道生态功能修复、生物试剂修复等强化自然修复与城市雨水非点源控制技术，生物自然修复与工程修复相结合，景观建设与生物栖息地营造相结合，实现整体功能的修复。以入河支流为重要的景观廊道，划分水污染防

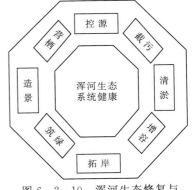

图6-2-10　浑河生态修复与
景观建设规划模式

治子流域；以支流河道为纽带，通过对子流域点源、面源的控制，减少入河污染物量；同时，通过对浑河河道的污染治理和恢复，增强其对污染物的削减和生态作用；最后再通过对入浑河河口的生态修复，完成"源头-途径-终端"的全过程污染控制体系（图6-2-11）。主要包括：支流污染综合防治规划方案；滨岸廊道恢复规划方案；河口人工湿地修复规划；景观节点建设规划。

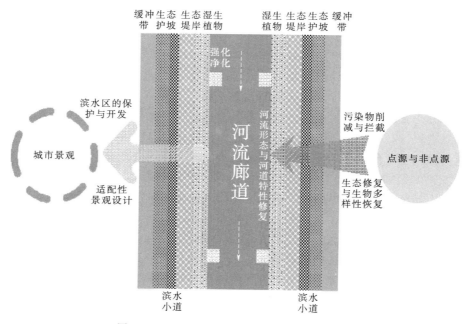

图6-2-11　浑河水生态修复与建设示意图

同时，为了增强规划方案设计的可行性、科学性和经济性，规划方案的设计遵循如下流程：环境问题分析、规划方案长清单设计、规划方案筛选和优选、可行规划方案详细设计、投资计划和实施保障等几部分。通过对问题的分析，备选方案的阐释，优选方案的筛选和排序，逐步得到最优的工程和管理方案设计，并提出优选控制区域和对应的控制措施，具体流程如图6-2-12所示。

3. 支流污染综合防治规划方案

浑河支流是浑河水质污染的主要来源，是浑河水污染防治的重要组分，根据实地调研，本规划主要针对浑河支流，即杨官河、张官河、白塔堡河、满堂河、辉山明渠和细河。流域内的河道水质普遍较差，均严重超过划定的地表水功能类型；同时，河道中还接收了两岸大量的生活废水和固体垃圾，从而使得入湖的水质低于浑河中的水质类别，进一步加重了浑河的污染，因此迫切需要对其进行治理。

（1）规划目的。以防治水污染、恢复河道生态环境、保证支流和浑河的水质为目的，结合河流近年来的变化规律和现状，针对河道面临的生态问题和环境污染问题，"源头预防-途径控制-末端治理"相结合，制定相应的河道工程规划方案，有效控制和削减不利环境影响，并使支流生态系统逐渐恢复。

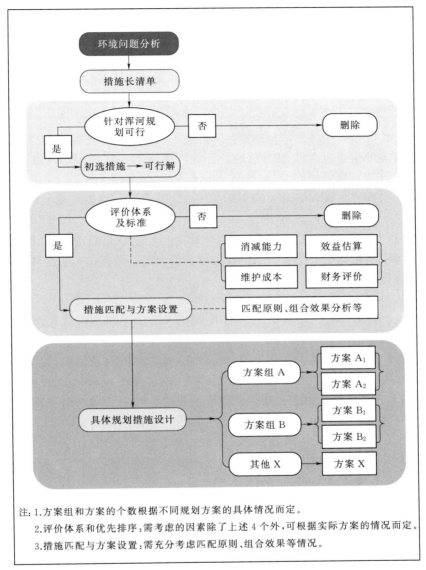

注：1.方案组和方案的个数根据不同规划方案的具体情况而定。

　　2.评价体系和优先排序：需考虑的因素除了上述 4 个外，可根据实际方案的情况而定。

　　3.措施匹配与方案设置：需充分考虑匹配原则、组合效果等情况。

图 6-2-12　规划方案设计流程

（2）规划研究内容。通过现场调查，确定在河流及其周边区域进行水污染综合治理工程规划，具体工作包括：

1）河道水环境现状调查。收集各支流历史资料，与现状进行对比分析，统计且分析支流水文、水质和水生植物变化，支流两岸农田面积，人口数量，污染源情况等。

2）河流源头段污染综合整治工程规划。规划范围为上述 6 条河流源头段。结合水环境综合整治规划，本规划主要采用点源排放控制、面源污染治理及相关管理措施进行综合整治。规划时间为近、中期。

3）河流沿河段污染综合整治工程规划。规划范围为上述 6 条河流沿河段。根据现场调研，水质甚差，河流及沿河河岸的生活垃圾众多，河道淤泥严重。本规划主要从河道生态修复、沿河垃圾清理、底泥疏浚及相关管理措施进行综合整治。规划时间为近、中期。

4. 浑河滨岸廊道恢复规划方案

浑河滨岸廊道是浑河的天然保护屏障，是浑河生态系统的重要组成部分。根据现场调研，浑河滨岸廊道受人为活动影响破坏较严重，本规划建立浑河生态走廊，并将分为三个部分三种模式进行改造。上游主要为保护修复式；中游为景观建设式；下游为生态净化式。

（1）规划目的。以防治恢复滨岸廊道生态环境、保证滨岸廊道作为栖息地、廊道的自然功能、满足人类的亲水近水欲望为目的，针对滨岸廊道面临的生态问题和环境污染问题，制定相应的恢复工程规划方案。

（2）规划研究内容。在现场调查的基础上，确定浑河滨岸廊道恢复工程规划，具体工作如下：

1）浑河滨岸廊道现状分析。收集浑河滨岸廊道历史上有记录的资料，与现状进行对比分析，对河岸带变化、植被分布、水生高等植物的种类、群落结构、分布水域、分布深度、生物量等进行分析。

2）上游保护修复工程规划。规划范围为浑河东陵大桥——杨官河入河口两岸的水陆交错带。根据现场调研，这一段两岸均没有被硬化，沿岸无污水排入，两岸植被覆盖良好，但岸堤受采沙影响破坏严重，可进行河岸带恢复。选取合适的生物种群并进行群落结构设计，配置多种、多层、高效和稳定的植物群落，体现"乔-灌-草"结合的立体景观。规划时间为近、中、远期。

3）中游景观建设工程规划。规划范围为浑河杨官河——长大铁路桥两岸的水陆交错带，南岸主要为50年一遇的水泥护坡，有污水排入，中游沿岸建筑垃圾多，北岸主要为五里河沿河带状公园。这一段南岸与浑南高新区相邻，沿岸正在进行房地产开发；北岸五里河公园一带主要供市民旅游休闲。因此，浑河中游滨岸廊道可进行景观建设规划。通过优化两岸原有的景观要素或引入新的成分，并考虑尽可能的恢复河流的滩地和湿地、让两岸的河堤自然化，或者模拟天然的河岸，满足人类亲水近水要求。规划时间为近、中、远期。中游景观建设工程效果图如图6-2-13所示。

图6-2-13 中游景观建设工程效果图

4）下游生态净化工程规划。规划范围为浑河大铁路桥——浑河大闸两岸的水陆交错带，这一段浑河两岸主要为自然岸堤，沿岸生活垃圾较多，河水受支流污染严重，水质较差。因此，浑河下游滨岸廊道可进行生态净化规划。通过种植水质净化植物、在岸边营造适于微生物和底栖动物生存的小环境等技术，达到近水和护岸的目的。规划时间为近、中、远期。

5. 河口人工湿地修复规划

（1）规划目的。根据现场调研，各支流河口水质污染严重，景观亦遭到较大破坏，本规划通过在河口建设人工湿地，达到净化水质的目的。

（2）规划研究内容：

1）各河口现状分析。对浑河各支流河口水质、水深、流速、河岸带变化、植被分布、水生高等植物的种类、群落结构、分布水域、分布深度、生物量等进行分析。

2）人工湿地修复工程规划。本规划主要针对浑河支流杨官河、张官河、白塔堡河、满堂河、辉山明渠和细河的河口。基于各河口现状分析，对能建设人工湿地的河口，采用人工湿地治理水体，并与岸堤连成水生植物恢复带，并结合旅游发展的需要，实施适配性的景观设计。规划时间为近、中期。

6. 景观节点建设规划

（1）规划目的。根据现场调研，由于采沙，浑河两岸分布着大量留下的沙坑，浑河河道中亦分布着许多大小不等的沙土丘。根据现场调研，沙坑堆有各种垃圾，水质较差，无任何水生植物；沙丘上草木丛生。因此，需要对这些沙坑和沙土丘进行景观节点设计规划，以提高浑河整体生态环境、改善浑河景观功能为目的。

（2）规划研究内容：

1）沙坑景观建设工程规划。在对各沙坑现状调查的基础上，分析沙坑的大小、深度、周围植被分布、所处位置。根据各沙坑的不同情况，或结合房地产开发建成社区休闲娱乐区，或进行改造建成鱼塘和小型湖泊等。沙坑景观建设工程效果图如图6-2-14所示。

图6-2-14　沙坑景观建设工程效果图

2）沙土丘"生态岛"建设工程规划。根据现状调查，分析沙土丘的大小、丘上植物及动物、所处位置、地质结构及地势。根据沙土丘的不同情况，建设生态岛，选取合适的岛上植物和水生生物，对岛内及周边进行绿色植被恢复及小动物的投放，并对岛内基础设施、瞭望塔（标志建筑如风车或水车）、码头、景点等进行施工，以解决浑河河道在疏浚上的困难（如砂石过多、疏浚量大等），亦可作为通航后的救生及游览休憩地。

（七）水环境监控与管理规划方案

内容从略。

（八）费用效益和目标可达性分析

（1）费用分析。

（2）效益分析。

（3）规划方案优选及目标可达性分析。

参 考 文 献

［1］ 胡甲均. 水土保持小型水利水保工程设计手册［M］. 武汉：长江出版社，2006.

［2］ 水利部水土保持监测中心. 水土保持工程建设监理理论与实务［M］. 北京：中国水利水电出版社，2008.

［3］ 余明辉. 水土流失与水土保持［M］. 北京：中国水利水电出版社，2013.

［4］ 吴卿，王冬梅，李士杰. 水土保持生态建设监测技术［M］. 郑州：黄河水利出版社，2009.

［5］ 唐克旺，王研，龚家国，等. 水生态系统保护与修复标准体系研究［M］. 北京：中国水利水电出版社，2013.

［6］ 文俊. 水土保持学［M］. 北京：中国水利水电出版社，2010.

［7］ 吴发启. 水土保持技术［M］. 北京：中国广播电视大学出版社，2008.

［8］ 王冬梅. 农地水土保持［M］. 北京：中国林业出版社，2002.

［9］ 焦居仁. 开发建设项目水土保持［M］. 北京：中国法制出版社，1998.

［10］ 中华人民共和国水利部. GB 50433—2008 开发建设项目水土保持技术规范［S］. 北京：中国计划出版社，2008.

［11］ 水利部水土保持监测中心. 生产建设项目水土保持方案技术审查要点（水保监〔2014〕58号），2014.

［12］ 中华人民共和国水利部. SL 277—2002 水土保持监测技术规程［S］. 北京：中国水利水电出版社，2002.

［13］ 中华人民共和国水利部. SL 190—2007 土壤侵蚀分类分级标准［S］. 北京：中国水利水电出版社，2007.

［14］ 中华人民共和国水利部. GB 50434—2008 开发建设项目水土流失防治标准［S］. 北京：中国计划出版社，2008.

［15］ 张华. 水利工程监理［M］. 北京：中国水利水电出版社，2003.

［16］ 中国水利工程协会. 水利工程建设监理概论［M］. 北京：中国水利水电出版社，2007.

［17］ 中国水利工程协会. 水利工程建设质量控制［M］. 北京：中国水利水电出版社，2007.

［18］ 中国水利工程协会. 水利工程建设投资控制［M］. 北京：中国水利水电出版社，2007.

［19］ 中国水利工程协会. 水利工程建设进度控制［M］. 北京：中国水利水电出版社，2007.

［20］ 中国水利工程协会. 水利工程建设合同管理［M］. 北京：中国水利水电出版社，2007.

［21］ 水利部水土保持监测中心. 水土保持工程建设监理［M］. 北京：中国水利水电出版社，2008.